银行场景化增长

SCENARIO BASED GROWTH OF BANKS

银行人必备的流量制造与运营手册

黄宣 著

机械工业出版社
CHINA MACHINE PRESS

图书在版编目（CIP）数据

银行场景化增长：银行人必备的流量制造与运营手册 / 黄宣著. -- 北京：机械工业出版社，2025.9.
ISBN 978-7-111-78935-2

Ⅰ. F830.33-62

中国国家版本馆 CIP 数据核字第 2025X4T122 号

机械工业出版社（北京市百万庄大街 22 号 邮政编码 100037）
策划编辑：孙海亮　　　　　　　　　责任编辑：孙海亮　章承林
责任校对：卢文迪　王小童　景　飞　责任印制：单爱军
保定市中画美凯印刷有限公司印刷
2025 年 9 月第 1 版第 1 次印刷
147mm×210mm·7.875 印张·174 千字
标准书号：ISBN 978-7-111-78935-2
定价：89.00 元

电话服务	网络服务
客服电话：010-88361066	机　工　官　网：www.cmpbook.com
010-88379833	机　工　官　博：weibo.com/cmp1952
010-68326294	金　书　　　网：www.golden-book.com
封底无防伪标均为盗版	机工教育服务网：www.cmpedu.com

序

听闻黄宣老师终成佳作，真为他开心，也为所有身处银行业阵痛期，迷惘、纠结又不甘心，想要动手改变点什么的伙伴们开心。

这是一本实现了跨业思维整合的书，是局外人分享给局内人的启发。不过现在看来，哪里还有什么内外边界？我们这代金融人注定要面对被掀翻的牌桌、散落一地的"老黄历"和手握"屠龙刀"却再难一统江湖的落寞……

有一位我很敬重的银行高管，每次拜访客户的时候，他总能用一个灵魂拷问瞬间拉近彼此的距离，"如果你有一家银行，你想怎么做？你可以把我们的银行当成这家银行"。也许顺着这个思路思考下去，可以帮助我们更好地理解转型的方向，顿悟破局而出的方法。

随着普惠金融服务的下沉，原本不在银行服务范围里的目标客户越来越多。不得不说，2020年至今，我国的银行服务整体进入快车道，但市场增长的逻辑吊诡也在此：曾几何时，各安其位的金融同业，在政策和变革的洪流中被拖拽，卷入了前所未有的同质化竞争。为了争夺客户，"掐尖""策反""利率弱势"各种策略层出，银行需要主动给客户一个选择自己的"理由"。从主角到配角，这转变快得惊人，快到让"车"上的银行人摇摇晃晃，苦不堪言。

若用经济学最朴素的理论来看，这一切变迁的本质是生产关系不再适应生产力的发展。银行从手工记账发展到自动化、智能化处理账务，再到大模型的应用，生产技术不断升级，而我们的经营关系却还停留在20世纪。

怎么理解？我观察银行在当前普惠经营中吃的所有苦都是KYC（懂你的客户）不足的结果，为了做大对公业务、大业务，我们可以投入足够的精力与成本去研究客户的贷款用途、项目能否盈利，以及客户赚钱后能否将本金和利息归还给银行。但是我们难以把控实质性风险，甚至营销拓客都陷入僵局。

而"转型"本质上转的就是两个"人"：内部人，从自上而下，转向自下而上，让听得见炮声的人做决策；外部人，从产品营销转到客群运营，在没有金融需求的日子里陪伴客户，在互动中了解客户，预判客户需求，并在需求真正发生的时候守候、支持客户。

对应地，我们需要通过人工智能（如时下正火的DeepSeek等）、区块链、云计算、大数据等技术实现对客群金融数据、行为数据的收集、整理，并基于这些数据进行业务预判与辅助决策。同时也需要通过新媒体巩固、深化与客户的互信关系，而这些比科技更温暖的部分正是本书最大的价值所在。

当下客户经理面对着两个大的挑战：不了解客户的经营，不知道客户的钱是怎么赚的，也就不知道客户的钱是怎么亏的；不懂得如何与客户沟通，不知道如何把银行变成客户的"自己人"。我认为，未来的银行想做得好，大概率依靠的不是金融类业务，而是非金融类业务。

这些年，普惠金融乘着"乡村振兴"的政策春风，在"唱歌跳舞，敲锣打鼓"中完成了一场场"整村授信"和"农户建档"活动，但银行人要想不仅懂"存款、贷款、信用卡"等自家产品，还能真正走进农村、理解农业、尊重农民，为农民创造价值，要走的路还很长。

互联网的世界万物互联，从用户到客户，从建交到成交，从认知、认可到认购、认证，我们要想实现这些跨越，就要从厅堂流量、系统存量、渠道增量入手实现"三量"并发，要积极营造场景，在行业、情境的框架内激活、运营流量，不断实现复购和裂变。

而更重要的是，在不断的互动中建立银行与客户的互信。信用是价值的本质，也是银行最重要的资产。

王　菁
泰隆商业银行上海分行个人金融部原总经理
新加坡绿联国际银行执行董事兼企业成长事业部总经理

前　言

空闲的时候我都会正坐在办公室窗边，望着楼下熙熙攘攘的街道——那里有步履匆匆的白领、吆喝叫卖的商贩、遛弯闲谈的老人。他们或许不知道，自己的一举一动，早已成为商业银行数字化转型浪潮中不可或缺的"数据浪花"。而我，作为这场变革的观察者与参与者，既深感荣幸，又时常如履薄冰。毕竟，在金融与科技交织的战场上，我们既要读懂《孙子兵法》中"道天地将法"的智慧，又得学会用短视频给老乡们讲明白"什么是存款保险"。

你或许与我有过相似的困惑：在手机屏幕点亮世界的今天，商业银行的网点里，那些精美的折页为何越来越难打动客户？当Z世代（网络用语，指新时代的人群）一边刷着短视频，一边办理数字钱包时，我们是否还固守着"存款送礼"的"老剧本"？更令人焦虑的是，明明投入了海量资源做线上转型，为何流量像握不住的沙，越用力越流失？为了思考这些问题，我也曾夜不能寐。

若将银行业比作江湖，那当下的竞争早已不是刀光剑影的擂台比武，而是一场"润物细无声"的生态之争。历史的车轮滚滚向前,昔日的银行人手持算盘、账本,今日的我们却要左手握着AI(人工智能)模型,右手举着直播补光灯。"天下熙熙,皆为利来;天下攘攘,皆为利往。"只不过,对于银行人来说,如今的"利"已从柜台后的存单,化作了手机屏幕上的每一次点击、每一笔交易、每一场互动。

然而,这场转型远非坦途。曾有一位支行行长向我袒露:"以前愁的是存款任务,现在愁的是怎么让大爷、大妈相信微信绑定我行的卡进行支付真的很划算!"此话虽带调侃,却直指本质——商业银行的数字化转型,从来不是技术的单兵突进,而是一场对"人性需求"的深度解码。这背后藏着一个朴素的真理:金融服务的本质不是"铺渠道",而是"种场景"。就像农民深知"橘生淮南则为橘,生于淮北则为枳",流量若不在合适的土壤里生根,终究是昙花一现。"不识庐山真面目,只缘身在此山中。"银行从业者若只盯着KPI(关键绩效指标)报表,却忽略用户真实的生活场景,那么再先进的技术也只能沦为"屠龙之技"。

于是,本书尝试用"接地气"的方式回答3个核心问题。

(1)为什么银行需要从"流量购买"转向"流量制造"?——因为买来的流量像租来的房子,制造的流量才是自家宅基地上的房子。

(2)如何让"金融"与"非金融"场景水乳交融?——答案藏在菜市场的收款码、乡村振兴的助农直播、小微企业主的线上沙龙里。

(3)线上线下一体化真是"既要、又要、还要"?——不妨学学《论语》中的"君子不器",打破渠道边界,让服务无处不在却又润物无声。

"金融生态场景化"是一场不得不打的升维之战。过去十年，银行业经历了从"网点为王"到"App 争霸"的剧变。但在数字化的狂飙突进中，一个悖论愈加凸显：技术越先进，客户越"看不见"。"兵无常势，水无常形"，当用户心智被短视频、直播、社群切割成碎片时，传统营销的"大水漫灌"早已失效。

我们不得不承认：在移动互联网的汪洋中，银行不再是巍峨的灯塔，而须化身灵活的冲浪者——哪里浪花翻涌，就在哪里建起服务站。社区团购的履约环节、小微企业的供应链缝隙、乡村振兴的田间地头……这些看似"非金融"的场景，恰恰是新时代的流量洼地。

本书的字里行间，藏着太多人的温度。写作过程中，我常想起《庖丁解牛》中的一段话"彼节者有间，而刀刃者无厚；以无厚入有间，恢恢乎其于游刃必有余地矣"。数字化转型何尝不是如此？与其抱怨"同质化严重""技术卡脖子"，不如聚焦用户需求与场景痛点，找到那把"游刃有余"的"柳叶刀"。

若您读完本书后能会心一笑，发出"原来做银行还能这么玩"的感慨，或拍案而起，惊呼"这个坑我们支行也踩过"，那便是我最大的欣慰。毕竟，在充满不确定性的时代，唯一确定的是我们对"服务本质"的永恒探索。

最后我要提笔致谢，此时心头涌动着太多温暖。

首先要深深鞠躬——感谢合作银行与机构的战友们。在金融生态场景化这条"无人"赛道上，每一步都是在摸着石头过河。是你们的信任，让我们在无数次试错中依然敢说"再来一次"；

是你们的包容，让那些青涩的案例从实验室走向田野，最终沉淀为书中带着泥土味的真实故事。"独行快，众行远"，这份并肩探索的情谊，早已超越商业合作，成为照亮前路的星光。

更要给黄宣工作室的家人们一个大大的拥抱：王菁老师总能在激烈的讨论中抛出醍醐灌顶的追问；陈好老师的"一点就通"让项目总在不经意间获得加分；三少老师自带银行数字化基因的脑洞，永远比咖啡因更提神；铭伟老师和盛夏老师以支行行长的一线视角诠释着"从实践中来，到实践中去"；晓悦老师像一束温暖的光，张口便给人如沐春风的感觉；还有从一开始就加入进来的罗丰、宋宋、王猛，见贤思齐，互通有无……你看，我们哪里是在写书？分明是在用各自的微光，共同点亮一片星海。

还要特别致敬幕后的英雄们：感谢机械工业出版社的编辑孙海亮老师，他像位"文字使者"，陪我们经历了多次书稿的春耕秋收；感谢写作助理毕洁和王克岚，感谢你们通宵达旦地为本书默默付出。更要感谢那些未能一一具名的伙伴——某个深夜帮忙核对数据的实习生，临时救场拍摄的银行柜员，给项目组送过暖心夜宵的机构助教。

路还长，咱们继续边走边唱。

黄　宣

2025 年春

目 录

序

前言

第 1 章 银行业务发展问题分析 　　1

第 1 节 大环境分析 　　1
当下经济带来的连锁反应 　　2
移动互联网已成为基础设施 　　4
数字化转型中的银行业务 　　5

第 2 节 用户分析 　　6
"人人玩手机时代"用户的 9 个典型特征 　　6
理解 KYC 就是理解用户心智的迁移 　　7
Z 世代的崛起带来营销方式的大变革 　　8

第 3 节 业务分析 　　9
银行营销业务发展的四大痛点 　　9
产品开发与渠道拓展正在发生变化 　　11
存量客户与增量客户的关系融合 　　13

第 4 节 解决方案分析 　　13
传统营销方式失效的本质原因 　　14

　　　　从 CRM 到社群，从社群到私域流量　　　　16
　　　　流量购买与流量制造　　　　17
　　　　私域流量与"道天地将法"　　　　21

|第 2 章| 深入理解场景化获客　　　　24

第 1 节　银行为什么需要场景化获客　　　　24
　　　　银行业的升维之战：无场景，不营销　　　　25
　　　　传统金融机构的场景延伸　　　　25
　　　　社区银行场景 + 流量——线下网点的
　　　　　第二增长曲线　　　　27
　　　　金融生态场景建设的两大必要性　　　　28

第 2 节　什么是场景化营销　　　　30
　　　　金融场景建设的核心逻辑　　　　30
　　　　不断变化的金融场景建设要求　　　　31
　　　　目标：数字化转型与产业赋能　　　　33
　　　　结果：场景化与私域流量　　　　33

第 3 节　金融机构的 5 项重点任务　　　　34
　　　　服务民生——基于 C 端客群打造极致体验　　　　34
　　　　赋能产业——B2B2C 构建产业融合生态　　　　35
　　　　制造流量——线上线下一体化场景引流　　　　36
　　　　价值转化——高效、便捷的中后台支撑　　　　37
　　　　组织变革——搭建协同、高效、敏捷的组织框架　　37

第 4 节　关于场景化获客的一些误区　　　　38
　　　　把场景简单理解为供应链的延伸　　　　38
　　　　以想象代替客户的实际需求　　　　39
　　　　场景只存在于线下　　　　40

| 第 3 章 | 流量制造与场景化获客方法论 41

第 1 节　PCPS 宣式营销策划闭环链路图应用策略　41
第 2 节　流量制造与私域流量运营　46
　　　　银行私域流量布局中的七驾马车　47
　　　　基于微信生态系统的线上平台整合运用　47
　　　　存量客户做深、做透的三大标准　49
　　　　"近悦远来"诠释存量客户与增量客户　50
　　　　客户经理"人心红利"信任感公式　52
第 3 节　场景化获客落地原则　56

| 第 4 章 | 银行策略制定方法 59

第 1 节　金融行业正经历的四大变革　59
第 2 节　基于零售业务和对公业务的策略制定　61
　　　　零售业务：KYC 与 MOT，创造极致体验　62
　　　　对公业务：聚力共生，美美与共　73
第 3 节　以业务为导向的营销策略制定　77
　　　　负债业务：低成本揽储离不开场景化获客　78
　　　　资产业务：做行业专家，深入场景做服务　81

| 第 5 章 | 客群分析方法 84

第 1 节　客群分析四步法　85
　　　　市场分析："颇具价值"的基础信息　85
　　　　客户画像：立体多维度的客户形象　87
　　　　RFM 模型：3 个维度划分客户价值等级　89
　　　　关键分析：关键点主导购买决策　92
第 2 节　七大类重点客群分析　94

	银发客群	94
	女性客群	95
	亲子客群	96
	年轻客群	97
	商贸结算客群	100
	外出就业创业客群	101
	种植养殖客群	103

|第6章| 场景搭建方法　　106

第1节	金融生态场景搭建的"四梁五柱"	106
	夯实"银政企农"圈层共建	107
	场景搭建7步法	112
第2节	农区金融生态场景搭建	123
	产业兴旺：深入供应链，梳理存量资源	123
	生态宜居：从资源开发到资金导入	126
	乡风文明：党建+金融服务，生活方式引领	127
	治理有效：立足目标客群，提供综合解决方案	128
	生活富裕：围绕农村生活打造乡村振兴带头人	129
第3节	城区金融生态场景搭建	130
	职场场景	130
	生活场景	131

|第7章| 基于金融生态场景批量获客　　135

第1节	立足"生活圈"和"生意圈"	135
	商圈线上线下一体化获客	136
	B端客户的流量制造	138
	互联网用户运营，养成大于变现	141

第 2 节　前端获客渠道划分　　　　　　　141
　　　　自有线下渠道　　　　　　　　　　142
　　　　自有线上渠道　　　　　　　　　　142
　　　　合作商户渠道　　　　　　　　　　143
　　　　线上导流渠道　　　　　　　　　　143
第 3 节　以信用卡为例的场景化获客　　　144
　　　　文体娱乐场景化获客　　　　　　　144
　　　　汽车场景化获客　　　　　　　　　146
　　　　萌宠主题场景化获客　　　　　　　148
　　　　探店打卡场景化获客　　　　　　　149
　　　　年轻主题场景化获客　　　　　　　150

| 第 8 章 | 基于场景的私域化运营　　　　　154

第 1 节　私域流量运营的 7 个步骤　　　　154
　　　　明确目标　　　　　　　　　　　　155
　　　　建立私域流量池　　　　　　　　　156
　　　　提供优质内容　　　　　　　　　　156
　　　　互动与沟通　　　　　　　　　　　156
　　　　个性化营销　　　　　　　　　　　157
　　　　增强用户体验　　　　　　　　　　158
　　　　数据分析和优化　　　　　　　　　159
第 2 节　私域流量的互动与营销　　　　　160
　　　　社群活动从线上到线下　　　　　　160
　　　　线上沙龙的有效开展　　　　　　　169
　　　　裂变营销的"人传人"现象　　　　174

| 第9章 | 场景化获客工具 | 181 |

第1节　腾讯生态系统的工具应用　181
　　银行数字化转型的"最后一公里"是社交　182
　　个人微信IP与朋友圈打造　183
　　企业微信是各家银行的必争之地　186
　　微信公众号依然是全网最大的图文传播载体　191

第2节　短视频+直播　192
　　抖音可以做，视频号必须做　192
　　小红书、B站究竟适合什么样的银行使用？　194
　　"321上链接"为什么不适合银行？　196
　　防范金融直播的六大问题　197

第3节　大模型工具　198
　　AI技术在银行实践中的局限　198
　　AI数字人技术　199
　　百度文心一言　200
　　科大讯飞——讯飞星火　201
　　深度搜索——DeepSeek　204

第4节　其他类工具　205
　　流程管控工具和实践　206
　　客户运营工具和方法　207
　　内容生成工具和策略　208

| 第10章 | 场景化获客团队搭建 | 210 |

第1节　现有管理模式面临的4项挑战　210
第2节　构建新型敏捷组织　211

　　　　架构:"1督1牵2台"制的组织路径　　212
　　　　配置:多领域交叉的复合型团队　　213
　　　　考核:金融生态场景建设需要坚持长期主义　215

后 记　　　　　　　　　　　　　　　　　　217

附 录　　　　　　　　　　　　　　　　　　225
　　附录A　沿海地区某农商银行大模型应用场景规划方案 225
　　附录B　银行工作中DeepSeek多场景应用指令模板 229

第 1 章 CHAPTER

银行业务发展问题分析

比尔·盖茨曾说过:"传统银行将成为 21 世纪的恐龙。"反躬自问:"我上一次踏入银行网点办理业务是什么时候?"

随着互联网的普及、电子支付的发展,老百姓的金融行为习惯已经在不知不觉中发生了改变。传统银行网点的客流量断崖式下跌,破局势在必行。本章从大环境、用户、业务及现有的解决方案等方面对银行发展问题进行分析,力求找出症结所在,对症下药。

第 1 节 大环境分析

2023 年 9 月 27 日,中国银行业协会发布的《2023 年度中国银行业发展报告》指出，2023年经济社会全面恢复常态化运行，宏观政策显效发力，经济总体呈现向上向好态势，但仍存在国内投资消费增速放缓、国外需求周期性回落等问题，稳定和扩大内需成为经济工作的重点。

2023年10月底召开的中央金融工作会议提出，加快建设金融强国，做好科技金融、绿色金融、普惠金融、养老金融、数字金融"五篇大文章"。在金融强国的背景下，我们更要明确银行数字化转型的目标和方向，助力经济强国建设，增加可持续发展能力，提升自身竞争力。

在2024年12月中旬召开的中央金融工作会议中，国家对下一步工作提出的总体要求是保持经济增长，保持就业、物价总体稳定，保持国际收支基本平衡，促进居民收入增长和经济增长同步。坚持稳中求进、以进促稳、守正创新、先立后破，系统集成、协同配合。围绕实施更加积极的财政政策和实施适度宽松的货币政策，打好政策"组合拳"。

当下经济带来的连锁反应

从有"淄"有味，到"滨"至如归，中国城市竞争新的进阶之路，是一种莫名的倔强，是中国经济寻求"冬日里的春天"的缩影。

2023年的春天，网络上刮起的"淄博烧烤风"让淄博这座城市迅速"出圈"，凭借自身的烧烤特色吸引了众多游客。2024年元旦，哈尔滨火了，这座略显沉重的工业城市成为"新晋顶流"，哈尔滨本地人都没想到有一天自己会用"夹子音"欢迎着"南方小土豆们"的到来。为了招待五湖四海的客人，哈尔滨做出了很多创新和尝试，比如冻梨切片、人造月亮、飞马踏冰、热气球、交响乐团及鄂伦春族人在中央大街表演驯鹿等活动，被网友戏称"尔滨，你变了""尔滨，我们已不再熟悉"。哈尔滨以其独特的魅力吸引了众多游客，创造了旅游收入的新高。据统计，2024年元旦假期3天，哈尔滨市累计接待游客304.79万人次，实现旅游总收入59.14亿元，游客接待量和旅游总收入达到历史峰值。

基于此，过去的几年阴霾在"人间烟火气"的升腾中消散不见，我们看到了中国经济的复苏。居安思危，虽然2023年国内出游人次48.91亿，同比增长93.3%，国内游客出游总花费4.91万亿元，同比增长140.3%，但是从各假期人均旅游消费情况来看，全年6个假期（元旦、春节、清明节、劳动节、端午节、中秋节&国庆节）中，仅春节期间人均旅游消费超千元。这也许就是为什么越来越多的人成为"旅游特种兵"，越来越多的人喜欢"Citywalk"（城市漫步）。2023年各假期人均旅游消费如图1-1所示。

图1-1　2023年各假期人均旅游消费

数据来源：文化和旅游部、迈点研究院整理制表。

中国面临的根本问题是国内经济增长速度持续放缓。目前，国家已经实行了一系列稳增长政策，其中包括减税降费、加大基础设施投资、推进普惠金融等。这些政策有利于稳定经济增长，帮助企业降低成本，提高盈利能力。

移动互联网已成为基础设施

中国移动互联网网民早已突破10亿，在这个数字的背后，我们看到的不只是年轻人，还包括中老年人和孩童。

在庞大的市场、活跃的资本和良好的外部环境等因素的共同催化下，移动互联网已经成为中国社会运行的"基础设施"，它如同水、电、煤气，成为人们生活、工作等的必要条件。

移动互联网基础设施影响着区域经济发展的各项机制，这主要体现在图1-2所示的4个方面。

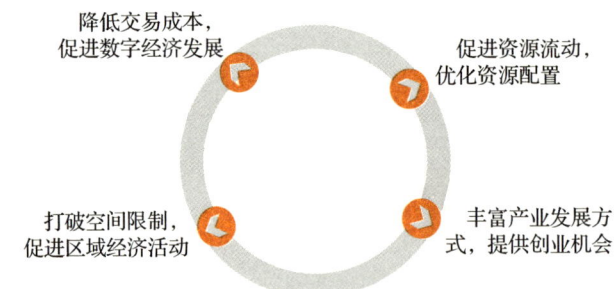

图1-2 移动互联网基础设施对区域经济发展各项机制的影响

移动互联网与新媒体社交平台的深度融合在各行业中都蕴藏着众多创新和发展的机会，同时也为社会经济发展创造了大量的创业和就业机会。比如，各行业与移动互联网的融合给物流快递业和金融业营造了巨大的发展空间；商品的大量运输和线上支付使用频率的爆发式增长给运输业和金融业制造了发展的机会。

数字化转型中的银行业务

对银行而言，随着互联网金融的发展，一味依赖互联网金融的推动，被动地迎合顾客，只会导致服务越来越远离顾客。为了扭转这种局面，银行之间转而打起了同业价格战，致使成本不断增加，利润越来越少。

银行还是银行，但银行的生存环境发生了翻天覆地的变化。无感交易、数字货币、大数据效益、AI（人工智能）大模型等，这些对传统银行业来说都是生死存亡的挑战。

从本质上看，在数字经济时代，金融机构的服务形态和竞争内核已发生根本性变化，银行的核心工作不再是单一的金融产品的销售，而是以数据资产为生产要素，在体验感和科技竞争上不断进取。换言之，这是一场金融经营模式的重构，是金融服务与非金融服务相结合的综合服务。

银行数字化转型的总体逻辑和框架主要是从优化组织结构、提升数据治理能力、增强风险管理能力、产品精准触达、建设人才队伍体系、加快跨界合作等方面入手的。放眼全国，无论是国有银行、股份制银行，还是广大的城农商行，这几年纷纷从不同程度上加快了数字化转型的步伐，尤其是国有大型银行和股份制银行，已经成为银行业数字化转型的主力军。

数字化转型对银行业务发展的好处可以用4个字概括——提质增效。

第 2 节　用户分析

随着近年来移动支付、互联网理财及消费金融的快速发展，银行与用户的连接越来越弱，银行越来越不了解用户，离用户的真实需求越来越远。数字化转型要求银行"以用户为中心，以市场为导向"，而不能"以银行为中心，以技术为导向"。要实现这一目标，就需要银行从业人员走进用户的工作和生活，深入挖掘用户的真实需求。

"人人玩手机时代"用户的 9 个典型特征

在这个"人人玩手机"的时代，用户表现出如下 9 个典型特征。

- **惯性**——每天起床睁开眼的第一件事和睡觉前的最后一件事，大多数人都是看手机，甚至手机已经变成"人体重要器官"。
- **我就是全部**——从"粉丝经济"开始，消费者的角色悄然发生了变化，需要被尊重，需要仪式感，这也是从"人找货"转到"货找人"的底层原因之一。
- **第一印象**——互联网时代，大家都是利用碎片化时间阅读信息的，因此，"眼缘"变得尤其重要，无论是图文还是短视频、直播，开头的"黄金 3 秒"其实就是第一印象。
- **相信熟人**——社交裂变，从过去的传统微商，到以拼多多为代表的电商平台，无不是通过微信好友、熟人社交来连接生意和生活的。比如"10 000 名妈妈的共同选择""你有 8 位好友参与""再邀请 3 人可得"等提示语。
- **简单**——现在的用户更希望"一键触达"，站在用户的角度，可以用"别让我想，别让我等，别让我烦"这 12 个字概括。

- **图文与视频相结合**——近年来，以微信公众号为代表的图文载体的打开率越来越低，而以短视频为载体的传播形式的热度越来越高。即便是这样，我们依然不可否认微信公众号是目前全网最大的图文宣传载体。另外，微信视频号也是腾讯生态系统中的重要成员，它可以嵌入微信公众号文章中，图文与视频相结合的形式在受众接受度上非常坚挺。
- **金钱安全**——2023年热播电影《孤注一掷》的上映，再一次将电信网络诈骗的套路展现在众人面前。互联网在给人们带来便利的同时，也增加了识别与操作风险，"动动手指"虽然方便，但是也暗藏危机。因此，大众对于金融线上化时代的金钱安全尤其在意。
- **搜索准确**——在过去的十多年里，百度成为中国市场第一大搜索引擎。可如今，小红书、抖音、B站等平台后来者劲头迅猛，凭借垂直领域的大量基础数据和算法机制，可以精准洞悉用户的行为习惯和生命旅程，已经成为众多年轻人的搜索首选。
- **保护隐私**——因为具有强大的数据计算能力，使得大多数人的隐私暴露在互联网的世界里，加上多数平台的单方面霸王条款，使得用户对于隐私的保护特别在意。2021年实施的《中华人民共和国民法典》第一百一十一条规定了自然人的个人信息受法律保护。相关法律法规也正在逐步健全，我们相信会越来越好。

理解KYC就是理解用户心智的迁移

在金融领域中，KYC（Know Your Customer，懂你的客户）

指金融机构在与客户建立业务时，对客户身份进行识别和背景调查，了解客户及其交易目的、账户实际控制人与受益人的流程。通过实施KYC，对客户身份进行核实，对客户商业行为进行了解，能有效地发现和报告可疑行为。因此，KYC广泛应用于反洗钱领域，可贯穿银行各项业务，包括营销拓客、贷款授信、合资、并购等。

结合"人人玩手机时代"用户的9个典型特征，我们会发现银行面临以下几个变化。

- 我们身边的主流消费人群发生了变化，过去主要是"60后""70后""80后"，现在还有"90后"甚至"00后"，如果我们还在沿用过去做生意的方式跟如今的年轻人做生意，显然就不合适了。
- "懒人经济"领域值得商家深耕，比如，如何从"效率懒"转换到"品质懒"。
- 用户的消费习惯、支付习惯和生活习惯发生了翻天覆地的变化。

综上所述，用户之所以会发生改变，归根结底是因为用户心智发生了迁移，我们唯一要做的是——更加懂你的用户，懂他的生活，懂他的生意。

Z世代的崛起带来营销方式的大变革

金融行业的客户群体和客户行为正在经历显著变化，呈现出年轻化、高度线上化、在意互动等特点，这些变化对营销产生了影响，要求金融机构调整其策略以适应新的客户偏好和需求。

如今，以Z世代（通常指1995年至2009年出生的一代人）

为主的互联网原住民，逐渐成为金融行业的重要客户群体。他们在数字技术方面有着强大的素养，习惯在线交流和捕获信息。他们倾向于使用各种社交软件获取与金融有关的信息、寻找合适的金融产品及管理自己的财务。

这意味着金融机构需要通过合适的数字化渠道和社交媒体来加强与 Z 世代的互动。

值得一提的是，Z 世代与夜经济也有着很大的关联性，这可能与年轻人比较爱熬夜有关。我们需要做的是透过这一现象看到年轻人的夜经济与金融行业的联系。

文化艺术、餐饮娱乐、体育休闲、聚会购物，每一个业态都涵盖物质和精神上的刚性需求，且线上、线下的消费同样值得关注。年轻人进行线上消费大多数也都是在夜间，针对他们的运营以小红书"种草"、短视频引流、直播间下单等形式为主。这里面藏着很多非金融与金融交叉营销的机会，我们应该创作什么样的内容，通过社交平台吸引年轻人的注意力，占领他们的心智呢？

第 3 节　业务分析

随着金融市场的不断发展和金融技术的日新月异，银行竞争日趋激烈，银行的基本业务也在不断拓展和创新。

银行营销业务发展的四大痛点

从当前来看，银行营销业务发展面临四大痛点。

- □ **引流难**——旺季难做增量引流，淡季厅堂缺少流量，很多客户不愿意来网点，活动邀约特别难。作为重点营销阵地的厅堂，由于互联网金融渠道的发展及银行业务离柜率的不断提高也失去了以往的优势。

- **成本高**——引流、活动、激励、宣传，包括同质化竞争激烈带来的利率调整，压降存贷利率空间。
- **营销难**——促销政策传播慢，触达率低，厅堂客群单一，拓客形式单一。
- **缺方法**——缺少线上、线下触达方式和工具。例如，过去常使用的电话营销，纵使我们对产品了如指掌，话术张口就来，但是接通客户电话后，我们自我介绍还没说完，客户就已经无情地挂断电话。

深入分析银行营销业务发展的四大痛点，我们会发现其内在问题主要体现在以下几个方面。

- **客户行为变化**。随着科技的发展和线上服务的普及，客户越来越倾向于使用线上服务，导致传统网点线下服务受到冲击，客户流量减少。
- **活动目的不明确及活动形式单一**。现如今的客户见多识广，争取与客户更多线下见面机会的同时，需要明确产品、人群、痛点、场景，让活动变得有趣、有料才行。
- **渠道协同不足和数据孤岛问题**。银行内部数据形成"孤岛困境"，渠道间协调运营不足，导致客户转化与营销效率低下。银行内部数据难以互联互通，无法形成统一的基础数据，导致无法获取更多维度的客户偏好来进行个性化推荐。
- **营销经费不足**。从2024年开始，"降本增效"成了很多银行的关键词，但是一旦没有了奖品，客户就更不愿意来网点了。

在这里,请回归到第一性原理,用第一直觉回答以下 3 个问题。

- ❏ 本质上银行是一家什么样的机构?
- ❏ 银行最重要的资产是什么?
- ❏ 银行第二重要的资产是什么?

如果没有回答上来,不要紧,在本书的后续内容中能够找到答案。

产品开发与渠道拓展正在发生变化

随着金融市场的开放、互联网金融的涌入,商业银行通过传统业务提供间接融资服务的单一模式已经难以支持银行在金融市场中发展的可持续性,也不能满足人们获取多元化金融产品及服务的需求。单纯依靠获取存贷利差的时代已经过去,"渠道+产品"成为各家银行积极探索的新价值、新方向,这主要可以概括为产品多元化和渠道线上化。

1. 产品多元化

商业银行正在成为可以满足客户多种需求的"金融超市",这种类型的银行具有极其丰富的客户资源,这也为其金融产品和服务的交叉营销提供了可能,使其收入渠道有了明显的拓宽,具备了更强的盈利能力。比如,多元化业务中的结算和清算业务、代理业务、担保业务等,既不占用银行自有资金,又能充分利用网点资源和具备相关业务背景的人才资源,优化资源配置。当商业银行开展多元化产品经营时,就可以充分应用现有资源,依托基础业务,实现资源共享,通过成本共担极大地降低综合经营成本。

以代理保险产品为例。近年来，商业银行持续加大对财富管理条线的开发力度。比如，保险作为产品货架上的一个重要品类，尤其是一些年金险、终身寿险等产品，因其具有稳健的风险保障功能，一度成为家庭资产配置中的重要组成部分。这种变化，不仅体现在银行客户经理的营销业绩中，更体现在银行业绩报告中双位数增长的代理保险收入里。

2. 渠道线上化

"你有多久没有去过银行网点了？"这个问题可能会让很多客户感同身受。随着移动互联网的基础设施化，手机银行及各类线上平台已经成为大多数客户办理业务的首选。银行数字化转型是一个较大的命题，涉及业务产品结构、科技人员团队组建、金融机构所在地经济结构、中长期金融政策以及决策者意识等。其实银行的线上化早就开始了，从早期的ATM（自动取款机）、大堂智能设备、企业网银、手机银行的普及，再到如今的抖音、快手、小红书等新媒体平台获客，在一定程度上，银行走在了数字化转型的前面，但从业务全流程来讲，线上化还有很长的路要走。

产品多元化和渠道线上化也使得银行业成为较"卷"的行业，工农中建交邮储（即中国工商银行、中国农业银行、中国银行、中国建设银行、交通银行、中国邮政储蓄银行），以及股份制银行和大量的城农商行，都是"局中人"，竞争已经处于白热化的状态。很多地区的农商行也开始采用多元化方式拓展产品路径，同时国有银行、股份制银行也在积极拓展下沉市场。

解题思路千千万，能够结合自身禀赋和拥抱时代变化发展的思路才是最重要的抓手。"以客户为中心，为客户创造价值"要成为经营的底色，而不是口号。

存量客户与增量客户的关系融合

增量构成存量，存量定义增量。存量与增量是相对的概念，它们互为阴阳，相互依存，在一定的条件下会发生转化。我将二者比喻为浴缸和花洒里的水——存量是浴缸里的水，而增量是花洒里的水，这一切都可以统称为流量。银行的流量通常来源于三大路径，即系统的存量、厅堂的流量和渠道的增量，所以存量和增量之间彼此交融，互相成就。

从银行业的产品和产业生命周期来看，随着时间的推移，受经济大环境和同质化竞争异常激烈的影响，存量产品在一定程度上失去了活力，盈利空间越来越小。于是，每当业绩指标下来时，一线人员难免焦虑和迷茫，原因大致相同——如何找到增量客户？可他们越是在这个时候，越要问问自己："存量客户做深、做透了吗？"关于如何将存量客户做深、做透，将在第 3 章详细讲解。

《孙子兵法·兵势篇》云："凡战者，以正合，以奇胜。"如果正是存量，奇是增量，那便是"奇正相生，如循环之无端，孰能穷之哉"。破和立、反和正、阴和阳、虚和实、曲和直，在无穷无尽的循环中，事物既对立又统一，二者之间的辩证关系值得我们反复推敲。

无论是浴缸里的水，还是花洒里的水，都应该成为商业银行深度挖掘的有效流量。花洒里的水最终也要流入浴缸，成为浴缸中的一部分。

第 4 节　解决方案分析

曾经，看一家银行实力是否雄厚，更多的是看资本金、资产规模、客户体量等。如今，创新能力的重要性得到越来越多人的认可。银行数字化转型需要创新，破局同质化发展模式需要创新，为越来越追求个性化的客户服务更需要创新。现在，电话销售、地推、外拓等手段已经很难为银行获客，银行需要更多地使用互联网和社交平台，从 CRM（客户关系管理）到社群，再到私域流量，要熟练掌握"场景＋流量"的解决方案。

传统营销方式失效的本质原因

传统营销方式的三大特征如图 1-3 所示。

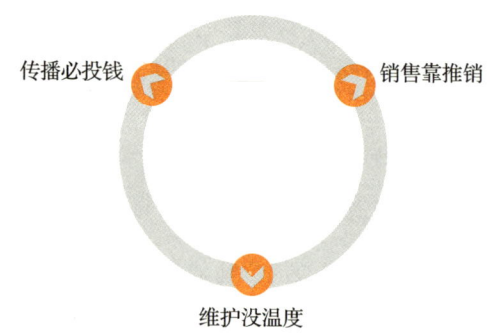

图 1-3　传统营销方式的三大特征

从传播方面来看，传统营销方式依赖大众媒体"砸"广告打造品牌或产品知名度，客户在被动接受广告的同时，实际上也是广告费的买单者。但在新媒体时代大多数人不愿意看广告，所以"最不像广告的广告，才是好广告"。大众需要参与感、仪式感和成就感，这一点从抖音平台的各种"发起挑战"、微博平台的"发起话题"等方式上可见端倪。

从销售方面来看，传统营销方式正在走向强展示和强推销的两极分化，销售产品主要靠推销，靠所谓的"做活动"。事实上，近年来的"6·18""双 11"等购物节也陷入了窘境，并且培养了消费者不逢活动不买货的习惯。银行业过去常用的电话销售、发传单、发微信、外拓等手段，正是强展示和强推销的缩影，最终换来的是低价促销的恶劣市场环境。

从客户管理方面来看，传统营销方式还在延续"一锤子买卖"的做法，与客户的关系也停留在"热恋三分钟，秒变陌生人"的阶段。

综上所述，传统营销方式失效的本质原因如图1-4所示。

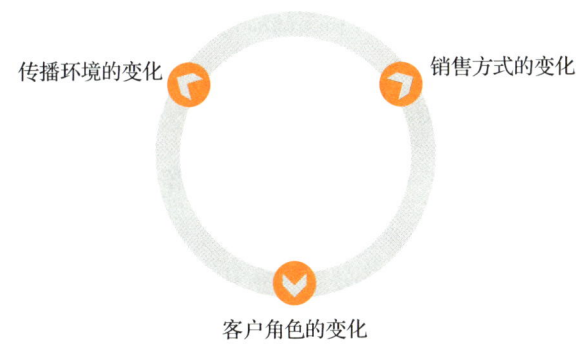

图1-4　传统营销方式失效的本质原因

传播环境的变化使得消费者的注意力分散，且碎片化的时间被各类线上平台的算法技术承包。不过，换一个角度来想，这是客户与平台的良好黏性，我们一样可以将各类线上平台为自己所用。

销售方式的变化使得过去的强展示和强推销令客户越发反感，客户不仅需要产品解决自己的问题，更需要产品和产品顾问提供"情绪价值"。

客户角色的变化要求我们能真正做到以客户为中心，随着客户数据采集和客户管理工具的成熟，我们更需要把客户当成朋友，让客户成为重要的传播体。

从 CRM 到社群，从社群到私域流量

银行 CRM 是银行通过客户数据和信息了解客户的需求和偏好，从而提供个性化的服务和产品、提高客户满意度和忠诚度的工具。在数字时代，社群和私域流量的概念逐渐兴起，为银行 CRM 带来了新的机遇与挑战。

近年来，部分国有银行和头部股份制银行都在积极布局企业微信，并且开放接口，实现 CRM 与企业微信的批量化接入和管理，从内到外打通数据。

但值得注意的是，社群只是工具，社群营销本质上是一个伪命题。过去传统的微商思维在如今早已没有了生存的土壤，一个有价值的社群自带营销基因，一个没有价值的社群"人人喊打"。拉一个社群的成本很低，很多人并没有想明白为什么要拉这个社群。大多数生意做到最后其实做的是人与人之间的关系，手机、微信、社群只是冰冷的载体，核心是连接手机背后的人，是情感与温度。如果没有情感与温度，拉再多的社群也没有任何作用，毕竟现在的群友甚至不需要考虑群主的面子，不需要屏蔽拉黑，甚至只需要设置免打扰模式或直接使用折叠功能，就能轻松无视那些自己毫不在意的社群。

什么样的社群自带营销属性呢？只有拥有共同的兴趣、需求和价值观的人在一个社群里，大家才会有共同语言，才会彼此"捧场"。社群只是聚拢这一群人的根据地，常见的社群有宝妈群、羊毛群、车友群、读书会群、健身群、投资宣教群、财税知识群等。自带营销属性的社群恰恰是私域流量的有效载体。

【案例】

某股份制银行近年来深度布局私域流量平台，通过CRM+本地生活平台+直播+引流企业微信社群的方式，聚拢本地喜欢"薅羊毛"的年轻人。通过CRM筛选目标客群并精准推送直播间，再通过直播间引流至企业微信官方福利群沉淀私域流量。社群每天推送福利小程序，例如，原价29.9元的某知名奶茶，点击小程序进入，绑定某银行卡支付下单，只需9.9元即可到手。

分析：在这个社群中，群主无须考虑话术和运营，与群员之间也不需要太多互动，只需要把实惠带给群员。在这个快节奏的时代，大家都很忙，消费者不想看话术，不想听虚情假意的客套话，只想得到实实在在的优惠。

在数字时代，私域流量越来越受到银行的重视，它们想要通过私域流量建立更加紧密的客户关系，提高客户转化率和忠诚度。同时，私域流量也可以成为银行提供个性化服务和产品的重要渠道。因此，银行从CRM到社群，再到私域流量的转变，是其在数字化转型时代发展的重要趋势。

流量购买与流量制造

从2018年开始，"私域流量"这个词从互联网相关行业开始盛行，直至今天延展到众多行业。到底什么是私域流量？为什么要做私域流量？私域和公域的区别是什么？比如，如今大多数餐饮实体线上获客都绕不开美团、饿了么等平台。但是，如果要依靠这些平台，就得接受从一开始免费入驻到现在抽佣20%+的转变，就算再苦不堪言，也只能"哑巴吃黄连"。当全民对平台形成依赖，商家即便不愿意，也无法摆脱平台。这些从平台上获得的流量几乎都可以判定为公域流量。有些商家不甘"寄人篱下"，它们会在客户收到外卖的时候，以短信、小卡片等各种形式，以"下单更优惠"为诱惑邀请客户扫码关注商家自己的小程序或公众号。这样做的好处在于不但能把平台拿走的部分佣金直接让利给消费者，而且在自家平台上沉淀了私域流量。

我们很容易就能发现公域流量和私域流量之间的区别——公域流量通常需要购买，而且会越来越贵；私域流量是自己的，可以免费地反复利用，具有强交互和高黏性的特征，且粉丝稳定，内容可快速触达粉丝，更易变现。

管理学大师彼得·德鲁克曾经说："企业存在的唯一目的就是创造顾客。"在互联网的语境下，这句话的意思就是"顾客就是流量"。对于绝大多数企业而言，竞争的核心依然是客户的争夺。

流量购买和流量制造是两种不同的策略，分别对应传统的广告模式和新兴的客户思维模式。在过去的十多年时间里，互联网的野蛮增长使得移动应用的获客方式发生改变，最常见也是最直接的获客方式就是花钱买流量。比如投放腾讯社交广告，常见的朋友圈广告就是其中一种，这种类型的广告往往能基于位置精准锁定目标客群进行投放。但是，随着流量红利的结束、获客成本的增加，存量市场代替增量市场，原来的那套方法就失效了。

【案例】

某银行近期主推一款装修分期贷款产品，营销组策划了以下两套方案。

方案一：通过大数据锁定以该网点为中心附近3公里范

> 围内有家装需求的客户，并向该人群投放广告。
>
> 方案二：围绕本地房地产、家居、建材等相关产业链上下游的企业商户，开展一系列线上线下一体化活动，吸引有家装需求的客户。
>
> 分析：方案一的好处在于投放精准；缺点在于流量贵，有时甚至无法覆盖成本，并且需要反复购买流量。方案二就通过制造流量，链接本地房地产、家居、建材等相关产业链上下游的企业商户，使它们彼此成为流量的入口，让价值和资源形成联动与交互。

任何单位、个人都有金融产品和服务的需求，所以银行不缺客户，缺的是与客户的互动。你不互动，你的同行在互动，那么你就输了。

大数据技术和新媒体生态的建立与完善，标志着大多数传统企业正在实现颗粒度更加精细的客户全链路、全周期、定制化的运营，即不再基于位置购买流量，而是基于客户的痛点制造流量。想明白这一点后你会发现，至此，胜负已决，流量制造时代的序幕已经拉开。

场景+流量解决方案：商圈生态场景搭建制造流量+线上直播聚拢流量+引流社群沉淀私域流量+引流至线下网点转化流量。

从金融到非金融再回到金融，最终的落脚点还是服务。

在过去传统的拓客方式中，外拓是一种主要的手段。但是，十几年前就在用的手段，如今还管用吗？我认为，外拓可以，但外拓的目的是什么？怎么外拓？外拓到底要和商户聊什么？对于这些问题，我们需要重新思考和定义。

在某农商行的一次授课经历令我记忆犹新。三天的培训课程都在总行营业部的楼上进行，所以每天课程结束必须下楼从营业部厅堂经过，而每次经过都会看到营业部门口立着一张公告牌，上面赫然写着"严禁推销者入内"七个大字。可是该行近期正在进行扫楼、扫街发传单的外拓活动，这不免有一些讽刺，更多的是一份无奈。

其实，这样的无奈又何止是我遇到的这一家银行，广大营销人员都还在沿用传统的外拓方式。为此我们甚至学习了很多技巧和话术，比如如何敲门使对方不反感、开口前三句话该如何表达、传单怎么递对方不容易拒绝等。

我们把营销做得太卑微，不高级。如何能"高级"一些？解题思路还是得从"以客户为中心，为客户创造价值"出发。我们要思考的是沿街商铺经营者的日子过得如何、生意做得怎么样、我们可以怎样帮助他们。

市场营销就是要让推销变得多余。

【案例】

某城商行搭建网点周边3公里生活圈生态场景，开展线上线下一体化活动，打造"银行优惠生活节"，通过线上直播为线下网点引流。

在银行优惠生活节的直播间，主播宣传的产品不是金融产品，而是网点周边3公里生活圈中老百姓几乎都认识的各个商家的商品。比如在一场直播中，主播销售的是一家商户的面条、水饺、汤圆，并让商户经营者变成直播间的试吃和讲解嘉宾。原价29.9元一包的水饺，在银行优惠生活节直播间预约只要19.9元，扫码加入粉丝福利群还有额外优惠，并且统一在规定的时间到银行网点来核销。

> 分析：在上述案例中，有三点值得注意。一是引流至粉丝福利群，沉淀私域流量。银行优惠生活节直播系列活动的每一次预热都需要冷启动社群，而之前的粉丝福利群是一个非常好用的载体。二是引流至线下网点核销，因为线下网点附近的居民多，对商户和银行都是有所认知的，平时大家不愿意来线下网点，现在通道有了，人来了，就有了更多做厅堂沙龙之类活动的机会。三是邀请商户经营者参与直播，把单纯的甲乙方关系变成一个战壕里的"战友"，银行与商户的合作关系更加紧密了。

做任何生意，尤其是有线下门店、网点的生意，都讲究人气。我们要多交朋友、少树敌。线下活动火爆的前提一定不是在网点门口拉人，也不是上门外拓拉人到网点，而是基于帮助商圈商户解决生意难做的问题，帮助商户引流获客，与商户成为好朋友。只有这样，才能助己达人，才能在为商家引流的同时，为银行网点创造更多引流的机会，实现"1+1＞2"。

私域流量与"道天地将法"

银行私域流量通常沉淀在自己的CRM系统、手机银行App、企业微信、各类社交平台、自建线上商城等载体中。银行会定期推送产品信息和活动信息，以达到营销和维护客户的目的。

《孙子兵法》中的"道天地将法"指的是战争中应该遵循的5种原则，其中"道"是指政治正义，"天"是指天时，"地"是指地形，"将"是指将领，"法"是指制度。银行私域流量的建立和运营与《孙子兵法》中的"道天地将法"有着异曲同工之妙。

- 在"道"的层面,银行要兼顾社会责任与经济效益,银行私域流量的建立需要符合市场规律和客户需求,同时更需要追求合规经营。面对日益激烈的市场变化,银行需要关注客户需求的变化,推出符合客户需求的金融产品和服务,建立和维护良好的品牌形象和客户关系。
- 在"天"的层面,银行对私域流量的运营需要关注市场趋势和政策的变化。随着互联网新兴技术的发展,客户的行为和需求变化频率较快,银行需要把握市场变化,及时调整策略和服务方式。同时,政策法规的变化也会对银行业务产生重大影响,银行需要严格遵守相关法规,避免违规风险。
- 在"地"的层面,银行对私域流量的运营需要合理地利用渠道和资源。线上流量很重要,但不要一味地神化流量,要踏踏实实地回到业务本身。在营销方面,银行需要开展线上、线下多渠道宣传和推广工作,同时也需要合理利用内外部资源,比如客户数据、产品信息、客户的资源等,以更好地服务客户和拓展业务。
- 在"将"的层面,任何事情都需要人来执行,银行对私域流量的运营需要依靠优秀的管理者和团队。银行需要建立专业的营销团队和服务团队,对客户需求进行深入分析和挖掘,制定科学合理的营销策略和服务方案。同时,银行也需要加强内部的管理,建立完善的制度和流程,确保业务操作的规范性和高效性。
- 在"法"的层面,一是要建立和完善制度和规范,包括客户数据管理制度、营销管理制度、员工激励奖惩机制、服务规范等;二是要加强员工培训和管理,提高员工的业务素养和服务意识。

总之，银行私域流量的建立与运营需要全面考虑市场需求、政策法规、渠道资源、团队管理和制度规范等多个方面的因素，只有这样才能实现持续稳定的发展。而《孙子兵法》中的"道天地将法"可以为银行提供有益的参考和启示。

| 第 2 章 | CHAPTER

深入理解场景化获客

"场景"不是一个新词,也并非互联网或金融行业所独有。在线下占据主导的时代,很多行业都有过一些关于场景化营销的实践。比如,按揭贷款业务和房地产销售的融合、信用卡分期和汽车销售的融合,都将金融产品融入具体的场景之中。在互联网时代,场景对银行来说尤其重要,甚至到了"无场景,不营销"的地步。通过场景打通线上线下全渠道营销将为银行开辟出第二增长曲线。

第1节 银行为什么需要场景化获客

场景化获客是指通过开发或利用具体的场景来吸引和获取客户。在激烈的市场竞争中,搭建场景已经成为提高银行获客效率和客户转化率的重要手段。

银行业的升维之战：无场景，不营销

在数字经济时代，大量的交易从线下迁移到线上，推动着场景生态全面渗透到老百姓的日常生活中，涵盖了衣、食、住、行、娱、医等各个领域。金融机构的服务形态和竞争内核已经发生根本性变化，其核心不再是单一产品与业务的角逐，而是场景与生态的竞争，而这种竞争本质是对数据资产的竞争。

银行还是银行，但银行不再是过去的银行。如果没有场景生态，银行就会脱离实际，脱离经济发展主体，变得越来越不懂客户，洞察和服务能力不断被削弱，最终被客户抛弃。

传统金融机构的场景延伸

银行经营经历了从 1.0 时代到 3.0 时代，未来终将走向 4.0 时代，这同时也对应着银行场景化营销的 4 个时代，如图 2-1 所示。

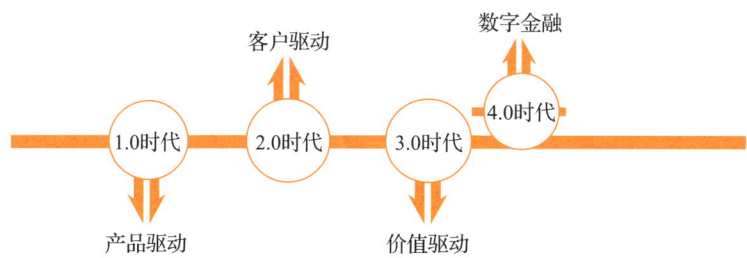

图 2-1 银行场景化营销时代

在 1.0 时代，银行主要通过与商户之间的合作开展收单业务，场景立足在商场超市和沿街门店，相对集中于日常生活中的个人消费场景。在这个过程中，银行提供的是支付工具，本身并不参与场景建设，使命只有4个字——异业联盟。

在2.0时代，移动互联网技术不断成熟，场景也随之转移到了线上，最典型的现象就是手机银行和移动支付方式的应用普及。在这个时期已经有很多银行开始搭建线上平台，围绕个人消费、旅游度假、婚丧嫁娶等场景提供专属金融产品，目的是更精准地触达C端客户。

3.0时代是消费者对智能手机的重度依赖时代，此时的金融生态场景变得更加多元。此时的银行重视与G端、B端的合作，立足政府、医院、学校、社区等机构和场所，引入政务、民生、教育、医疗、出行、园区、物业、商圈等服务场景。线上线下协同作战成为银行业的共识，银行从单纯的金融产品提供者的角色，转向提供金融+非金融场景的综合解决方案的角色，并且越来越注重客户体验。

2.0时代+3.0时代也是目前大多数银行正在经历的时代，网络购物、移动支付、线上线下融合等新型消费快速发展，银行瞄准消费新动向进行提质升级。比如，民生银行"深耕服务场景，积极贡献民生力量"，通过深化大众客群生态场景，提升不同客群的分层服务质效。其中，通过"慧管家"远程专家为超高净值客户及企业家级客户打造专属专家库，享受全行业各领域稀缺专家一对一的专业化、定制化的咨询服务；打造"民生FUN"线上客户服务平台，为大众客群提供高效敏捷的金融服务和丰富的非金融服务。个人的事、企业的事、与金融相关的事，都是民生银行会放在心上的重要事。中国工商银行推出的"'亿'起悦享518"惠民生、促消费优惠活动，以及中国建设银行依托建行生活和建行手机银行"双子星"平台为商家引流等举措，皆是为了构建"金融+生活"全场景模式，促进客户与场景高频交互。

在4.0时代，产业数字化、数字产业化等概念相继出炉，这意味着数据要素的价值将进一步凸显。各家银行应当充分了解自身禀赋，做自己擅长的事情，通过多方合作与数字技术融合驱动场景生态不断进化。除了深耕已有场景之外，还需要在智慧文旅、高端制造、智慧农业、专精特新、智慧制造、智慧物流、智慧能源等产业的金融场景中，推进金融科技与实体经济的深度融合，打造生产生活的场景价值闭环。

社区银行场景+流量——线下网点的第二增长曲线

面对存、贷、汇等核心业务，银行业需要做的是直面矛盾，积极求变，重塑、迭代和升级第一曲线。但是历史的车轮滚滚而来，从工业文明到数字文明，从工业经济到数字经济，当银行业来到数字化转型的大时代，转型的压力和异业的竞争倒逼银行寻求第二增长曲线。什么才是银行业的第二增长曲线？

在社区银行的发展历程中，针对社区居民、商圈客户、沿街商铺客户等，常见的营销方法包括电话营销、外拓营销、发微信、发传单等，但是这些方法让一线营销人员苦不堪言。就拿电话营销来说，前文提到，我们虽然懂产品、懂话术，但是连跟客户讲话的机会都没有。"己所不欲，勿施于人。"扪心自问，如果每天接到多个推销电话，我们又是什么样的心情和态度。某种程度上来说，我们的电话就是骚扰电话，因为我们所提供的并不是客户所需要的。

时代发展促使我们必须改变，也就是开辟第二增长曲线。近年来，不少银行已经开展了一系列社区银行场景+流量的组合打法。比如，"××银行生活节""年货直播节""助力夜经济，金融不打烊""商圈探店团""我的客户我来宠""我和我的家乡""街区老板娘联盟""烟火计划"等活动，通过短视频+直播等形式，既能帮助商户引流，也能为网点周边3公里生活圈的消费者带来真金白银的实惠。

这是一个即使人与人不见面，也都能活得很好的时代，但作为银行从业人员，我们偏偏就需要与客户面对面。为什么一定要见面？因为金融行业具有特殊性。作为银行客户经理，很难通过录制一条短视频完成存款业务；也没法像传统电商平台一样，通过直播间"321上链接"完成贷款业务，因为贷款业务有贷前、贷中、贷后一系列的流程，需要接受监管，需要防范风险。但是互联网时代下客户的基本特征告诉我们，客户宁可在家用手机操作业务，也不愿意多走几步路来线下网点见面。所以，我们要做的是想方设法让流量从线上转到线下，让客户愿意与我们面对面沟通，让客户知道我们、了解我们、喜欢我们、成就我们。

所谓"不破不立"，该如何破呢？破局靠的是把冰冷的推销变成有温度、有情感的营销。在当下经济大环境的影响之下，实体门店的生意是几家欢喜几家愁，欢喜的少，愁的多。推销只会讲自己的产品，而营销做的是人与人的关系。我们可以尝试把金融产品往后放，把服务、体验和价值往前放。

请记住：**你解决了客户的问题，客户才能解决你的问题。**

金融生态场景建设的两大必要性

金融生态场景是指将金融服务与人们的日常生活、商业活动等场景紧密结合，通过提供无处不在的金融服务，实现金融服务无限融入各类场景中。金融生态场景是金融机构经营模式上的一场变革，其建设的必要性包括以下两点。

- **践行普惠金融，服务地方实体经济**。做普惠就是做未来，国家对于优化普惠金融重点领域产品和服务提出了几点要求，其中包括支持小微经营主体可持续发展、助力乡村振兴国家战略有效实施、提升民生领域金融服务质量和发挥普惠金融支持绿色低碳发展作用等。普惠的每一个环节都需要金融与非金融的深度融合，需要一个又一个场景建立起来的生态来充分链接实体经济主体，为基础设施建设、新兴产业、文教卫生、创新农业等重点产业提供有效支撑。
- **"金融+生活"高度融合，促进消费转型升级**。与以往的金融服务相比，现代意义上的场景金融有两大特点：一是把过去独立的金融服务分散地嵌入一个个生活应用场景中，一旦在生活中需要金融，它刚好就在；二是按需定制，从单一金融产品向综合解决方案转变。经济增长速度放缓和消费转型升级是当前经济形势的两大重要特征，这给金融融入非金融提出了新的要求。而消费转型升级又使得消费者对商品和服务的需求发生变化，从传统的以物质消费为主向融合了精神消费、服务消费和文化消费等的多元化消费转变，使得金融产品的渗透需要更加丰富多元的生态场景作为依托。

例如，兴业银行"渝见生活"主题双卡推出的"兴业那碗面"活动，以山城（重庆）人民共同的情感寄托——小面为抓手，联合500多家重庆本地面馆。活动汇集的500多家重庆面馆中既有历经三代传承的特色面庄，也有遍布街头巷尾的新潮连锁面店。持有"渝见生活"信用卡及借记卡的双卡市民，可参与活动领取信用卡微信立减金福利，在指定面馆消费，每周四享满6减5优惠，每月可参与活动4次；持兴业银行重庆分行借记卡的代发工资市民或白银及以上层级客户，可参与活动并领取借记卡微信立减金福利，在指定面馆消费，每周四享满6减5优惠，每月可参与活动2次。这场活动也为推广重庆小面、赋能小面产业发展提供了助力。

第2节 什么是场景化营销

想要真正明白什么是场景化营销，在宏观方面就需要知道金融场景建设的核心逻辑和要求，在微观方面就需要明确场景化营销的目的和结果。

金融场景建设的核心逻辑

中国银行更新迭代了两版《金融场景生态建设行业发展白皮书》，其中指出，金融场景建设的核心逻辑是不能脱离"服务实体经济、服务民生"的初心，充分利用自身禀赋，注重流量的质量和价值转化能力，聚力共生，合作共赢。

金融场景建设必须满足社会生产和人民生活的需求，通过发挥自身优势和特长，结合市场需求和客户体验，提供更加普惠、便捷、安全的金融产品和服务。

金融场景建设需要各方的共同参与和合作，包括金融机构、政府部门、科技公司、社会组织等。金融机构要积极与各方合作，共同打造开放、共享的金融生态圈，实现资源共享、优势互补、合作共赢。

不断变化的金融场景建设要求

我国全行业的数字化应用步伐正在加快，消费者对线上工具的使用从"可选项"变成了"必选项"。而不断变化的金融场景建设要求金融机构适应市场变化和客户需求，不断创新和优化服务模式，提高服务质量和效率。

不断变化的金融场景建设要求主要体现为图 2-2 所示的几点。

图 2-2　金融场景建设要求

数字化转型推动着技术应用与业务的融合，通过新技术如 AI、新媒体、大数据等，提升业务效能。同时，在生态场景建设过程中，数字化可以推动以客户为中心，优化客户旅程，提供更便捷、个性化的服务。

智能化升级推动了金融服务的创新，通过构建智能化的金融场景,围绕"衣食住行医养娱"等场景,将金融服务与客户的日常生活紧密结合。智能化升级还增强了金融机构的风险管理能力,通过实时监测和分析数据,及时发现潜在风险,保障银行系统稳定运行。

跨界融合,尤其是产业数字金融的发展,实现了"产业+金融+科技"的闭环,为实体经济提供了有力支持。这种跨界已经超越了"联名卡""异业联盟"的浅层次的合作方式,而是真正让金融、科技成为工具,服务产业。如银行与旅游业合作,将旅游分期产品作为切入点,实实在在地提供本地文旅板块产业链的金融一揽子解决方案和非金融场景支撑。

绿色金融发展强调环境保护和资源有效利用,这符合当前社会可持续发展的追求,为金融场景建设提供了新的方向。同时,绿色金融不断创新产品和服务,如碳排放权质押贷款、碳中和债券等,以适应不同企业和个人的绿色投融资需求,丰富了金融场景。

社区化服务强调以居民需求为导向,深入了解社区居民的金融需求,推动金融机构与社区深度融合。通过建立社区金融服务点、开展金融知识普及活动和便民服务等方式,将金融服务延伸至社区,实现"一站式"金融和社会服务。当下最典型的社区化服务场景有反诈宣传进社区、养老金融服务站等。

数据安全保护采用先进的技术手段,如数据加密、访问控制、数据脱敏等,确保金融数据在采集、存储、处理和传输过程中的安全性。数据安全保护要求遵循相关法律法规和标准,如《中华人民共和国网络安全法》《中华人民共和国数据安全法》等,确保金融数据的合法合规使用,为金融场景建设提供法律保障。

综上所述，数字化技术的不断发展，AI、大数据等先进技术的应用，实现了金融场景的智能化升级，提高了风险控制和业务处理的能力；加强与其他行业的融合，积极响应绿色发展理念，拓展了金融场景的边界和服务范围，提供了更加综合化和多元化的金融服务；社区化服务紧密围绕老百姓的衣食住行，提供更便捷、贴心和个性化的服务，满足了人民群众的基本金融需求。

目标：数字化转型与产业赋能

金融行业的数字化转型除了实现自我转型，还需要真正融入本地产业，为客户产业赋能。过去我们提倡的是"管理风险"，而现在提倡的是"经营风险"，那么靠什么来经营风险？当然是数字化赋能产业，通过大数据、线上媒介和 AI 等手段，深度参与企业运营过程中的每一个环节，浅则提供员工签到之类的办公管理数字化服务，深则对供应链中的各个环节进行精准分析，为企业提供更加智能化、便捷化的供应链金融服务，降低企业的融资成本和风险。

金融数字化转型赋能产业需要金融机构加强数字化技术的研发和应用，提高数字化服务的能力和水平，同时需要产业各方积极探索和创新，加强合作和资源整合，共同推动产业的数字化转型和发展。

结果：场景化与私域流量

早期的场景化与私域流量的运用从数据入手，通过私域流量倒推场景，然后再进行定向营销。比如信用卡部门与支付数据公司合作，筛选出符合特定条件的信用卡潜在客户，通过支付场景对筛选出的潜在客户推荐办理信用卡。

而现在的场景化和私域流量是一种层层递进、互为补充的关系，通常是先搭建场景，在场景中植入金融产品和服务，通过线上线下一体化的活动，将本地客群引流至腾讯生态以沉淀为私域流量。比如某股份制银行立足本地生活平台的数据优势，围绕吃喝玩乐等场景，紧密结合年轻人、白领、女性等客群的特征开展一系列"薅羊毛"直播，从直播间将流量引至企业微信粉丝福利群，定期开展社群运营，精准锁定本地范围内的相关客户。

这里值得一提的是，微信群是一个非常好用的私域流量沉淀工具，尤其是企业微信群。

第3节 金融机构的5项重点任务

金融场景生态建设对金融机构而言，本质上就像一场革命。尤其在面临着国际、国内诸多经济挑战的当下，金融机构更是肩负着以下5项重点任务。

服务民生——基于C端客群打造极致体验

我们先假设一个属于大部分人生活缩影的场景——小明的一天。

这是一个星期日，打工人小明舒舒服服地睡到了自然醒，一看时间已经9点了。他拉开窗帘对着窗外高挂的太阳伸了一个大懒腰。精彩的一天开始了。

小明拿起手机，迅速打开某外卖平台，为自己选择了咖啡和面包。20分钟后，小明一边吃着早餐，一边看着今天的事务清单，如图2-3所示。

上午	下午
• 请钟点工打扫卫生 • 理发 • 燃气缴费 • 中午去楼下新开的粤菜馆尝鲜	• 去健身房锻炼 • 和朋友一起吃晚饭、看电影、做足疗 • 打车回家

图 2-3　星期日事务清单

可以看到，小明这一天的事务大多离不开金融产品和服务，在这一系列的消费场景中，金融服务无处不在。服务民生是金融的初心，是出发点，也是最终归宿。这就要求各家金融机构需要基于自身优势和基因，整合资源，优化产品和服务体验，构建"1+N"场景生态。最终实现在 C 端客户每一个生活场景中，只要他们需要金融服务，我们刚好都在。

赋能产业——B2B2C 构建产业融合生态

数字化转型不仅是银行业的重点工作，也是大多数实体行业都在面临的转型升级必选项。银行需要思考的是如何在自身转型的同时，深度赋能产业数字化转型，让数据成为银行的重要财富。

银行本身拥有海量的 B 端企业和 C 端客户资源，面对合作伙伴，要想基于核心产业实现公私联动，开放和整合资源，需要深刻领会"我们的客户，也可以成为你的客户"这句话的含义。

用 B2B2C（第一个 B 指产品或服务的供应商，第二个 B 指平台企业，C 指消费者）的方式构建产业融合生态，左手通过核心企业带动上下游小微企业批量化拓客，右手运用庞大的零售客群帮助企业引流获客，助己达人。

例如，某家城商银行通过搭建平台体系，用数字化工具赋能于企业。从合作企业员工上下班签到打卡到产业链上下游企业全程触达，为企业提供陪伴式成长。该行系统可全程数字化赋能，让银行清楚掌握：每家合作企业什么时候需要进货，资金的需求体量是多少；上游供货商分别是哪几家企业，经营状况如何；什么时候是回款高峰，目前还有哪些痛点、难点；下游客户群体画像是什么样的等。从过去的"防范风险"到今天的"经营风险"，该行根据不同企业的情况定制开发相应金融产品，精准服务企业客群。

制造流量——线上线下一体化场景引流

"流量制造"是一个相对"购买流量"而言的概念。

在这样一个存量博弈的时代，谁能跳出花钱买流量的思维定式，千方百计制造流量，谁就抢到了存量争夺战的先机。在银行进行线上线下一体化场景引流活动以制造流量时，需要综合考虑银行的特点、客户需求以及市场环境，来制定全方位的实施策略。通过精准营销、数字化场景营销、社交媒体与内容营销等方式进行线上引流；通过网点活动、周边商户与社区营销、特色网点打造等方式进行线下引流；通过线上线下联动营销、数据共享分析、智能运营与自动化营销等方式实现线上线下流量的相互转化和一体化经营。

移动设备的普及和互联网技术的发展，使得消费者越来越习惯在线上进行金融活动，包括信息获取、交易、投资等。

要一手解决触达问题，一手解决成交问题，必然需要金融机构积极布局自媒体平台，并通过手机银行App+社交网络+私域流量平台等多种渠道与消费者进行互动，以实现全渠道营销。

银行应基于金融行业的特殊性开展业务，不能神化流量，流量只是手段而不是目的，相关业务的推动还是要踏踏实实地回到线下场景本身，关联各类客群与产品，联动商圈、企业等各行各业。"你好我好大家好"才能真正地制造流量，才能实现线上线下一体化的场景引流。

价值转化——高效、便捷的中后台支撑

从用户到客户，中后台就如同中枢系统，通过加工和产出数据，指导营销转化。从用户的识别、内容的输出、数据的采集、用户的打标、客群的筛选、活动的配置、用户的触达，到最终达成交易，没有高效、便捷的中后台支撑，金融场景生态便成了无源之水、无本之木。

中后台的数据加工与生产虽然依赖于技术革新，但不能忽视人的作用，尤其是内容的输出部分。内容的选题直接关系到流量吸引、流量制造与价值转化能否一脉相承，最佳的打法是通过权威、专业且有温度的内容，在吸引用户注意力的非金融话题中植入金融信息，引导用户完成相关动作，从而完成金融场景的渗透营销，最终完成转化闭环动作。

例如，在信用卡营销板块，通过数据分析对用户进行识别，匹配相应的内容定向输出，如"出境游 Visa 卡使用指南""××旅游景点购物指南""同城薅羊毛攻略"等。无论选择海报、H5、短视频、直播等形式中的哪一种，最终都可通过非金融话题将部分意向客户引导至在线申请信用卡的流程中。

组织变革——搭建协同、高效、敏捷的组织框架

在对标金融机构的革新时，常常会用到"传统金融机构"这

个词，为什么会强调"传统"二字？大概率是因为以银行为代表的金融机构都采用总分支、上下级的层层架构，安全性和流动性远高于收益性，这就意味着在基因层面，当下的创新基因被排斥了。

技术在不断地进步，理念也在不断地迭代，但能否取得最终的胜利，组织框架和模式的变革至关重要。

所谓搭建协同、高效、敏捷的组织框架，不是指摒弃现有的条线架构，而是要彼此交融、相互赋能。敏捷组织要具有一定的灵活性和自主性，打破条线和板块的界限，跨部门、跨条线作业。

第 4 节　关于场景化获客的一些误区

场景化获客是在探索中不断发展的。作为一种较新型的营销方法，在使用过程中不可避免地会犯错、踩坑。失败是成功之母，只有积累足够多的经验教训，才能对场景化获客更加得心应手。根据我的工作经验，场景化获客主要有以下三大误区。

把场景简单理解为供应链的延伸

人与人、物与人、物与物之间的连接方式在这个时代都在发生一些变化，它们之间的互动依赖于场景，同时也造就了新的场景。

例如，一个做美食短视频的博主，他的目的是销售镜头中出现的一切与厨房相关的产品——精美的厨具、漂亮的围裙、新鲜的牛肉、个性的碗筷等。但如果直接介绍上述产品，就变成了观众不爱看的硬广，这个时候就需要场景的衬托和主题的切入。没错，主题就是做美食，甚至可以在美食这个垂直赛道中再细分为"上班族快手菜""每天一道宝宝餐""孕妇的健康食谱""三高人群的一天三顿"等主题。该场景提供的应该是情绪、氛围、技巧、解决方案，而不是一会儿在画面中增加一个勺子，一会儿增加一个面包机，这种直接在厨房产业供应链上做无限延伸的做法，就是将场景简单理解为供应链的延伸了。

金融生态场景更是如此，比如在家装分期贷产品的营销过程中，营销的重点不是贷款产品，更不是去延伸和叠加家居、建材、家电等产业链上下游的产品，而是挖掘背后隐藏的消费者对于一站式解决家装与金融服务的新需求，如推出"新手装修不得不知的3个误区""还在用这样的石材装修可就太土了""3步轻松搞定热水器故障"等主题。

总之，卖牛排不要直接卖牛排，要卖煎牛排的"滋滋声"。

以想象代替客户的实际需求

场景是谁的场景？场景是客户的场景！客户的痛点、诉求及真实感受，才是我们搭建场景的起点。

在场景搭建中，通常会遇到两类问题：一类是脱离现实，用创新的名义揣测客户的需求，在不懂客户的情况下，开发"花架子"场景；另一类是盲目跟风，别人有的我也要有，主打"盲从"。

【案例】

A城商银行为了主推国家在"3060双碳目标"背景下开发的"碳汇贷"产品，搭建了绿色金融生态场景，整合资源，给相关的企业提供优质的服务。

> B城商银行看到A城商银行做得风生水起，于是便"跟上节奏"，投入大量人力、物力搭建场景，但是该行并没有相关产品，最终场景形同虚设。殊不知，这样的场景无疑是在"制造负担"。
>
> 分析：在上述案例中，A城商银行肯定是在梳理过自己的存量客户的前提下，仔细分析了客户的需求，才会目标明确地搭建绿色金融生态场景，主推"碳汇贷"产品。而B城商银行只看到A城商银行"碳汇贷"产品的热销，而没有看到自身优势和不足，盲目跟风搭建绿色生态场景，必然导致竹篮打水一场空。

场景只存在于线下

场景既可以在线下，也可以在线上，甚至还可以线上线下联动，不断融合。线下实体商店可以通过线上平台进行推广和销售，而线上购物也可以通过线下实体店提供体验和服务。

亚朵酒店就是典型的将线上线下场景进行了融合与联动的例子。当你在线下住酒店时，可以在现场购买亚朵酒店的周边产品，尤其是枕头、被子等产品。你也可以扫码到线上，在线商城展示了所有的产品，可以满足你在家居场景中的一切想象。

银行的场景更不会只局限于线下，各家银行的手机银行App上架了各种生活专区，从这一点可以看出，银行业是有线上线下一体化场景搭建思维的。

思考：你所在银行有哪些线上场景？围绕该场景有怎样的线上线下一体化活动？

第 3 章 CHAPTER

流量制造与场景化获客方法论

从场景到流量再到金融服务,是互联网时代场景化获客的流量逻辑。本章主要阐述 PCPS 宣式营销策划闭环链路图应用策略、流量制造与私域流量运营,以及场景化获客落地原则,为后续内容奠定基础。

第 1 节　PCPS 宣式营销策划闭环链路图应用策略

PCPS 宣式营销策划闭环链路图是我复盘了自己做过的诸多案例后总结的一个"土方法",是一个从实践中得来的营销策划理论模型,如图 3-1 所示。PCPS,指的是 Product(产品)、Customers(客群)、Pain Point(痛点)和 Scene(场景)。

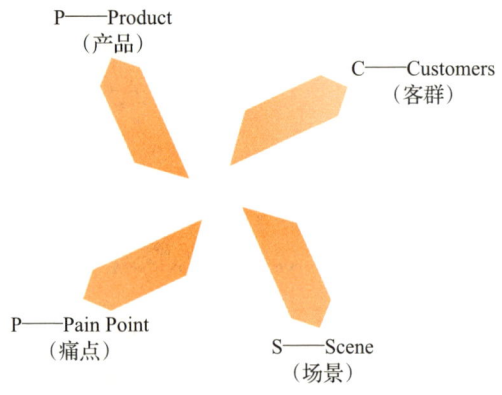

图 3-1 PCPS 理论模型

1. 产品：任何营销活动策划的出发点

对于银行从业者来说，要"不忘初心"，而对于一线营销人员而言，"初心"一定是营销产品。任何营销的目的最终都是销售产品，因此，任何营销策划的核心都应是产品，应为最终的产品销售创造条件。

2. 客群：你需要知道你在与谁互动

不同的产品对应着不同的客群，如家装分期贷对应着有家装需求的客户，经营贷对应着商贸类客群等。银行在销售产品之前，必须经过研究分析，精准地找到与产品对应的客群，有的放矢地进行营销策划，这样才能在营销中事半功倍。如果找错了客群，哪怕产品再好，对方也会无动于衷，毫无购买的想法。

我们整理了一份银行主营产品及其对应客群表，见表 3-1（仅供参考）。

表 3-1 银行主营产品及其对应客群表

主营产品	对应客群
活期存款	需要随时支取资金的个人或企业客户，如中小企业、个体工商户等
定期存款	有长期储蓄需求的个人客户，如家庭主妇、退休人员等，以及有稳定现金流的企业客户
个人贷款	有消费、购房、购车等贷款需求的个人客户，如年轻人、新婚夫妇、购车一族等
商业贷款	需要融资的企业客户，如中小企业、初创企业、扩大规模的企业等
信用卡	有透支消费需求的个人客户，如年轻人、白领、商务人士等
理财产品	有投资需求的个人客户，如追求稳定收益的投资者、高净值人群等
网上银行/手机银行	需要便捷、高效的银行服务的个人和企业客户，如年轻人、商务人士、中小企业等
外汇存款/外汇交易	有外汇需求的个人和企业客户，如留学生、外贸企业、跨国公司等
储蓄保险	既需要储蓄，又需要保险保障的个人客户，如家庭主妇、中年职场人士等
养老保险	需要规划退休生活的个人客户，如中老年人、即将退休的职场人士等

3. 痛点：社会上的一切痛点皆是我们的机会

不同的客群有一些共性的痛点，而这些痛点才是值得深挖的。在进行营销策划时，必须时刻提醒自己：只有解决了客户的问题，客户才能接受我们，解决我们的问题。当然，不同客群的不同痛点是需要我们调研的，不是坐在计算机前搜搜热点，或者凭自己的经验甚至想象而确定的。

4. 场景：大处着眼、小处着手

针对客户的痛点，可以设置相应的场景。在设置场景时，必须根据客群的痛点来精准匹配，需要大处着眼、小处着手。

大处和小处是一个相对的概念，可以理解成一级目录（大处）、二级目录（小处），当然还可以根据实际情况裂变出三级目录、四级目录等。二级目录相较于三级目录是大处，三级目录是小处，以此类推。比如我们需要营销"小微企业贷"这款贷款产品，根据PCPS理论模型可知，P（产品）是小微企业贷，C（客群）是小微企业主，P（痛点）的一级目录为行业信息、政府扶持政策、财税政策、市场动态、融资困难、人才短缺、品牌塑造……例如，我们可以针对一级目录中的财税政策去细分它的二级目录，就可以得到税收优惠政策、行政事业性收费减免政策、财政支持措施和其他相关政策。当然，我们还可以扩展二级目录，裂变出三级目录，如税收优惠政策可分为企业所得税优惠、增值税优惠和其他税种优惠政策。对于S（场景），我们可以针对小微企业开展企业所得税优惠专题讲座，线上线下同步进行。

不要奢求策划的一个场景能吸引所有客群，一场活动能抓住所有客户。活动不要做得大而全，要做得小而美、精而优。我们既要将某一场景的活动做得小，也要针对不同场景的活动将频次做高。

总体来说，PCPS的策略就是"公益的心态＋商业的手法"。银行的直播间必须与电商直播间有所区别，切不可拼命营造气氛，更不能直接对着镜头推荐金融产品，用各种具有煽动性的语言使直播间显得很"热闹"。一旦银行的直播间做成了电商直播间，结果很可能只是主播很兴奋，但银行的金融产品销售量基本为零。要想获得好的销售效果，需要将金融产品植入某一特定场景，让受众在不知不觉中接触产品、了解产品、信任产品，最终购买产品。

【案例】

某国有银行针对亲子类客群开发了一款产品——"萌娃卡"。这张卡片支持DIY孩子的照片,是宝贝专属银行卡,可用于家长给孩子存压岁钱、教育基金等。一个孩子背后就是一个家庭,"萌娃卡"本质上就是一张流量入口卡。

如何向更多的家长推荐这张卡呢?我们想到了用直播的手段。

如何邀请家长来看这场直播呢?下面设计了两套方案。

方案1:"××家长您好,我们在本周六有一场有关'萌娃卡'的直播在线展销会。直播过程中有很多精美福利相送,我把直播间推给您,欢迎您到时候准时来参加。"

方案2:"××家长您好,我们在本周六有一场有关'萌娃卡'的在线直播展销会。这场直播我们邀请了××数学培训机构的张校长,他将在我们银行的直播间分享孩子在小升初阶段数学教育的相关知识。届时,凡是在直播期间预约办理'萌娃卡'的家长,就可以额外获得张校长的三节免费在线数学课程。"

分析:显而易见,如果采用方案1,被邀请的家长大概率是不会看直播的,因为邀请话术基本就是"我要向你兜售产品"的另一种表达。而方案2不然,虽然方案2中直白地提到了"预约办理",但"孩子在小升初阶段数学教育的相关知识"显然对家长具有很强的吸引力。随着国家"双减"政策的出台,学科类校外培训机构被迫转型。但是,中考和高考依然被家长认为是孩子人生中极为重要的、必须过的"关卡",尤其是"鸡娃派"家长,他们的焦虑甚至会随着"双减"政策的落实而越发严重,他们依然会想方设法地为孩子寻找各种补课的渠道。"萌娃卡"对应的客群,表面上看是萌娃，实际上却是萌娃身后为萌娃的未来而奋斗的家长。对于这些家长来说，孩子的教育问题就是他们的痛点。方案2用公益的心态——分享教育知识，精准地抓住了这些家长的痛点，诱使他们抱着"学习知识"的心态进入银行直播间。

该银行在设置直播场景的时候，选择了"教育"这个大类中"小升初"的场景。这种有针对性地设置场景才能更好地将孩子处于小升初阶段的家长"绑"在直播间，促使他们专心地从头听到尾。对于家长来说，孩子的健康和教育是最为关注的两大问题，如果求大求全，设置的场景既包括健康又包括教育，就很可能顾此失彼。同样，如果针对"教育"设置场景，试图包含整个义务教育阶段，也难免会陷入"样样通、样样松"的窘境。

综上考虑，这场直播精准地设定"小升初"的场景，在后面的直播活动中，再设置"幼小衔接""英语教育""家长焦虑情绪辅导"等针对不同痛点的一系列从"小处着手"的场景，如此，既可保证大场景"教育"的一致性，又可保证小场景的连贯性，增加了活动的频次和对不同客群的吸引力。

当然，在直播过程中，主播必然要在张校长分享知识的间隙向各位家长介绍"萌娃卡"，要想不引起家长的反感并促使家长直接预约办理，不但需要线上数学课程有吸引力，也需要主播有娴熟的销售技巧。只要做得得当，这场直播就会是一个银行、培训机构、家长三方均得益的过程。

第 2 节　流量制造与私域流量运营

第 1 章提到银行从 CRM 到社群再到私域流量的转变，是数字化转型时代银行发展的重要趋势，并且随着流量红利的结束、获客成本的增加，流量购买的性价比远远比不上流量制造。我们应基于微信生态的线上平台，做深、做透存量客户，以"近悦远来"吸引增量客户，从而实现业绩增长的最终目标。

银行私域流量布局中的七驾马车

在银行私域流量布局中，通常有"七驾马车"，如图3-2所示。

图3-2　银行私域流量布局中的"七驾马车"

在上述"七驾马车"中，除了客户管理系统，其他所有工具都寄生于微信生态系统中，并形成了矩阵规模，为银行线上线下一体化活动的打造和私域流量的运营提供了支撑。

基于微信生态系统的线上平台整合运用

微信端的视频号、公众号、个人微信、社群和小程序都是银行引流的重要工具。值得一提的是，近年来，随着企业微信在银行业私域流量活动中的运用，部分机构已经实现 CRM 与企业微信的 API 对接，将原有客户管理系统中有价值的数据迁移到企业微信中，实现个人微信＋企业微信＋视频号＋社群＋公众号＋小程序的线上平台整合运用。

【案例】

在开门红旺季营销期间，某银行针对商圈开展"火锅达人挑战赛"活动，在吸引银行网点周边 3 公里生活圈内的火锅店参与的同时，吸引更多 C 端客户加入。在银行网点通过该活动积累流量并形成传播效应后，在春节之前，再次针对商圈的商家开展"年货直播节"活动。

银行的私域流量设置路径为：通过视频号开通直播间，直播间主播手持公众号二维码邀请进入直播间的粉丝扫码关注公众号，当粉丝进入公众号回复关键词"城区"或"县域"后，会弹出该行各家支行/网点的内购群二维码，方便附近的居民选择就近网点的内购群并进群下单购买优惠产品，或者直接到线下网点领取优惠产品。

通过引流活动和直播活动的成功举办，银行成功让客户对其形成品牌依赖，进而促进了银行金融产品的销售。

分析：在这场直播活动中，应用了微信端的视频号、公众号、个人微信和社群。对此，你一定会觉得有些麻烦。的确如此。"简单"是包括我们自己在内的广大网友的基本诉求，"别让我想，别让我等，别让我烦"是大家的基本底线。在该案例中，尽管从搭建商圈场景到开展直播，从线上引流进群再引导至线下，可谓流畅度极高，但站在客户的角度来看，步骤未免太多。

> 按照正常私域流量的引流逻辑，只需要在视频号上开通直播间，然后在直播间直接引流至粉丝福利群即可，这样做简单、干脆。该行"麻烦"的设置是有目的的——给总行公众号吸粉。

存量客户做深、做透的三大标准

每一位一线营销人员可能都会焦虑：如何在存量客户那里寻找增量？又该用何种方式引流获客？

在总结了诸多案例的经验之后，我反向提炼出存量客户做深、做透的三大标准，如图3-3所示。

图3-3 存量客户做深、做透的三大标准

比如，为营销家装分期产品，某银行独家打造线上线下一体化家居场景直播活动，同城联动。直播场地定在拥有200多家家装、家电、建材等产业链相关门店的红星美凯龙，首场直播的合作商家为飞利浦照明，出镜人员为银行客户经理和飞利浦照明负责人。在直播过程中，银行客户经理说："今天凡是在直播间扫码加入粉丝福利群，下单购买飞利浦照明任意产品的家人们，就可以享受我行家装分期贷的零首付政策……"这里就是典型的"让客户的产品和我行的产品形成交叉销售"。第二场直播场地选在本地某知名楼盘的样板间，参加本场直播的有银行、房地产商、本地知名家装企业，这里就是存量客户做深、做透的第二个标准——"有没有链接到客户产业链的上下游"。而这些活动压根不在银行举办，而是在客户的经营场所，在这样的场景中，客户的"经营场所"自然而然地成为银行的"宣传阵地"。

【案例】

在某城商银行，以支行/网点为单位，常年开展线上线下生态场景化获客活动。该行的微信视频号直播间常常走进本地的特色企业、小微企业、商圈企业和种植养殖类企业，进行公域私域联动。该银行为当地一家从事奶牛养殖到奶制品加工一条龙的企业服务多年，关系融洽。某次"乡村振兴、助农助企"直播来到该存量客户企业，支行行长亲自带着客户经理出镜，在镜头前针对企业的产业链、养殖技术和环境、挤奶设备和加工工艺侃侃而谈，还邀请企业主和操作工一起通过镜头带广大网友参观养殖场的环境，同时告诉广大网友从直播间扫码加入该行粉丝福利群并绑定该行的卡进行下单、支付还可以享受额外优惠。

分析：在面临本地同质化竞争的今天，银行必须把金融产品往后放，把服务、体验、价值往前放。在帮助企业销售的时候，不要忘记企业不仅有对公业务，企业的员工还有自己的家人、亲戚、朋友，这些人都可能转变为银行的增量。这里值得一提的是，支行行长要勇于出镜，带着大家一起干。

"近悦远来"诠释存量客户与增量客户

相传在春秋时期，孔子周游列国。一天，孔子来到楚国下面的叶县。叶县当时的"县委书记"叶公——对，就是"叶公好龙"中的叶公——向孔子请教："先生，有什么方法能够让叶县周边的老百姓都来投奔我，来叶县创业、工作和生活呢？"孔子回答："近者悦、远者来。"（出自《论语·子路》）

这就是成语"近悦远来"的典故，意思是你只需要努力经营好本地，让本地人都过上安居乐业的幸福生活，周边县城看到这个地方的日子好过，自然而然就会前来投奔。

叶公的疑问是不是很熟悉？没错，它就相当于如今常常提到的人才引进和招商引资的难点。而孔子当年的回答，哪怕穿越几千年，也依然力量十足。

近悦远来，这个道理其实再简单不过。比如今的中国城乡、东西部地区的人口迁移，多半是伴随着地区经济发展差异而变化的，比如珠三角、长三角一带，因为其经济发展迅速，所以大量中西部地区的劳动力会举家搬迁过去以谋求发展。在不少农村，如今几乎已经没有年轻人待在老家，而是选择在北京、南京、上海等大城市买房、定居、工作、生活。

回到银行业的存量客户和增量客户的问题中。存量客户就是我们的"近"，增量客户就是我们的"远"。存量客户做深、做透了，增量客户自然而然就来了。

【案例】

2023年11月，在河南某县级农商行，我带队走进当地一家知名的农产品深加工企业。该企业是本地的龙头企业，更是该行的存量客户。通过对该企业过往贷款数据进行分析和对现场进行实地走访调研，结合它当前的困境和实际需求,我们开展了一场助农助企的主题直播。在某工作日上午的直播间里就吸引了几千名粉丝的关注,成功推广了这家企业的产品。同时,我们也在直播中植入该行相应的贷款产品,可谓一举两得。

直播活动结束后,企业主非常热情地在工厂食堂邀请我们共进午餐。我们婉拒了,但他很兴奋地解释道:"你们这个直播做得太好了,可以与政府合作,政府可以为你们牵线更多的企业。另外我还把我上游从事农产品加工机械的老板也请来了,你们可以好好聊聊。"

分析:其实客户就在我们身边,银行不缺客户,只是缺少与客户的互动。只要我们真诚且切实地帮助存量客户解决了问题,他们就会自动地将我们介绍给他们身边有相同需求的人,我们的增量客户也就来了。

思考:请找一找该案例中哪些点能对应前述的"存量客户做深、做透的三大标准"。

客户经理"人心红利"信任感公式

"人心红利"信任感公式出自分众传媒创始人江南春先生所著的《人心红利》这本书。我认为,将这个公式应用到银行客户经理与客户的日常沟通、成交过程中非常适宜。

$$人心红利 = \frac{资质才干 \times 可靠性 \times 既往关系}{动机}$$

下面我就来拆解一下"人心红利"公式在银行业的运用。

1. 资质才干

所谓"书到用时方恨少"。随着时代的发展,表面上看是生意越来越难做，实际上是各行各业的要求越来越专业。这就要求银行一线营销人员不能停下学习的脚步，要扩充知识面，增强专业技能。这种专业技能不仅是指金融专业技能，更是指"懂你的客户"的技能。营销人员要懂客户的生活和生意，只有这样，才能在客户遇到问题的时候，成为他第一个想到的人。

2. 可靠性

当客户想起你、提到你、看到你的时候都能点头称赞，能很放心地把事情交给你来办，这就说明你很可靠。这也就是常说的"人对了什么都对了"。但获得高可靠性并不是一蹴而就的，而是在与客户长年累月的相处中形成的。为客户提供满意的服务、有价值的建议，甚至是在其他领域为客户排忧解难，在每一次相处中都能得到一些正向的积累，才能逐渐形成可靠的形象。

3. 既往关系

营销人员不能在接到营销任务时才去找客户，而是应该在平时就与客户保持接触、有一定的交集，帮助客户解决一些问题。只有平时关系够"铁"，客户才有可能在你需要时帮你解决你的问题。

4. 动机

动机也可以理解为主观能动性。俗话说得好：事在人为。一件事情能不能办成，除了客观原因外，人的主观意识也影响甚深。事实上，这几年我接触过的银行中，有些在新媒体线上线下一体化场景获客领域乐此不疲地深耕，有些做了一两场活动没看到效果就不做了。当然，没有继续做下去的原因有很多，比如没有建立奖惩机制；员工做得好不多拿一分钱工资，做错了还得挨批评，所以干脆就"不做不错"。但追根究底，还是没有坚定"一定要做好"的信念。

【案例】

2022年,我们以调研团的形式到企业做调研。调研前,我们凭经验认为,企业的信贷需求是十分旺盛的。但是调研结果出乎意料——企业缺钱,但是你给企业钱,企业不要。因为企业缺的不仅仅是钱,它们关心的问题也不仅仅是贷款利率是4.45%还是5%,它们还面临着产业链上下游断了、物流停了等各种各样的问题。

调研回来后,我们都沉默了:这么多年我们都在喊"以客户为中心,为客户创造价值"的口号,可是在客户真正遇到问题的时候,我们却根本解决不了客户的问题。此外,中国有句老话叫"谈钱伤感情",而很多银行的客户经理、支行行长站在客户面前的时候,除了讲利率、存款、贷款、信用卡等,就没有其他能聊的内容了。

沉默带来了反思:客户当下最关心的问题有哪些?我们应该给他们提供怎样的帮助?亡羊补牢应该怎么补?

我们当然不能在沉默中灭亡。经过不断地分析和探究,我们找到了一个可以实实在在帮助企业的路径——帮助企业深入解读并应用财税减免政策。国家在不同时期对于不同类型的企业都是有相应的财税减免政策,只是很多企业主、高管在这方面不是很专业,有些企业的财务人员也只是一名合格的会计,他们没有能力将企业的前途命运和国家的政策法规进行深度融合。而"社会上的一切痛点皆是我们的机会",作为银行从业者,我们可以不是财税方面的专家,但我们可以学,即便我们学不会,也可以请专家来讲。

于是,在当年的5月,我们在线下组织了一场针对本地专精特新、小微企业、新能源产业、传统制造企业等的财税减免政策专家讲座，来不了现场的企业相关人员可以同步通过直播间收看。在现场和线上都可以向专家提问，专家一对一解答。同时，我们还引导线上和线下的企业代表加入企业微信粉丝群。活动结束后，我们把每一个知识点都整理成图文和短视频，精准推送给不同类型的企业。

这个活动几乎让所有企业拍手称赞，因为我们帮企业节约的财税实际上可以理解为企业的纯利润。尽管当年5月并没有完成相关金融产品的销售，但在当年7月、8月我们迎来了收获。参加活动的人员大多数是高净值人群，有出国旅游、子女出国留学、家庭资产规划等方面的需求，我们的跨境业务有相当一部分是因为财税减免活动而被客户了解的，后因持续精准的相关图文、短视频触达维护而得到客户的认可。又因为我们的服务和其他产品已经得到了客户的认可，所以由存量客户带来增量客户就成为一件水到渠成的事情。

分析：几年前，一个中国留学生去美国留学的费用是每年40万~50万元人民币，随着美联储不断加息，这两年涨到了每年70万~80万元人民币。所以，市场上对与出国留学业务相关的金融产品和服务的需求有增无减，而客户选择我们的理由恰恰是我们赢得了"人心红利"。

找到客户急需了解财税减免政策的痛点，并且迅速组织企业学习，这就是我们的"资质才干"；作为专业的银行人，我们人品第一，不弄虚作假，这就是我们的"可靠性"；不是等到出国留学季再去找客户推销跨境产品，而是提前布局，用心蓄客，真诚提供帮助，这就是我们的"既往关系"；遇到问题，迎难而上，积极解决，这就是我们的主观能动性，是我们的"动机"。

> 这个逻辑其实很容易理解,因为春播和秋收,本来就不在同一个季节。客户要"性价比",更要"心价比"。
>
> **思考**:如果将这个案例用"PCPS 宣式营销策划闭环链路图应用策略"来解释,是否可行?

第 3 节　场景化获客落地原则

如今,随着移动通信工具的普及应用,几乎每一家企业都设有自己的企业微信、视频号等信息传播平台。但是,这些在本质上也只是传播工具或平台,本身并不能帮助企业获得任何收益。对于银行来说,想要通过这些传播工具或平台开展营销活动,沉淀私域流量,进行精准化获客及批量化运营,就必须场景化。场景化获客想要切实落地需要遵循 4 个原则,如图 3-4 所示。

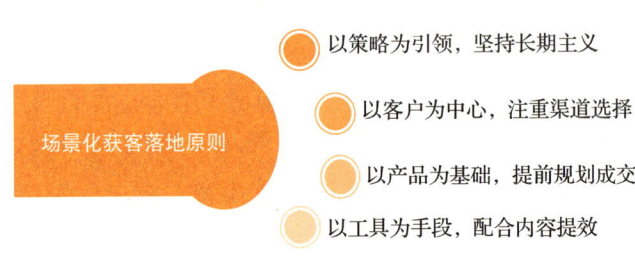

图 3-4　场景化获客落地原则

1. 以策略为引领,坚持长期主义

高瓴资本创始人张磊在《价值》一书中提到,背后的价值决定了表面的估价,或许有时估价低于它的实际价值,但只要给它一段时间反应,价格总会向价值回归。

制定明确的策略并坚持长期执行是成功的关键。一个好的策略应该基于对市场、竞争对手和客户需求等的深入理解，并能够指导企业在不同阶段做出正确的决策。

2. 以客户为中心，注重渠道选择

了解并满足客户需求是任何营销业务的核心。企业需要密切关注客户的需求和反馈，并不断优化产品和服务。同时，选择合适的渠道来接触和吸引客户，这也是至关重要的。不同的渠道可能会有不同的效果和成本，因此需要进行仔细评估和选择。

信用卡是与居民日常生活关系最为紧密的零售信贷产品，近年来，受互联网金融的影响，增量空间持续收窄。在此大背景下，海口农商银行发行的萌宠主题信用卡聚焦养宠客群，不仅在卡面设计上贴合客户喜好，而且联合海南区域宠物医院，为客户提供宠物洗澡、体检、疫苗、驱虫等专属权益。信用卡办理活动主要在银行网点内进行，同时在宠物医院搭建活动展示区和体验区。

3. 以产品为基础，提前规划成交

高质量的产品是赢得客户信任和保持企业竞争力的关键。企业需要注重产品的研发，不断评估产品的市场融入度和客户认可度，并及时进行产品的调整、迭代和升级。同时，成交的路径需要提前设计，确保闭环顺利打造。

4. 以工具为手段，配合内容提效

利用适当的工具可以提高工作效率和质量，例如，将CRM系统与社交平台的数据打通、个人微信与企业微信联动、视频号直播与粉丝福利群引流等。

不可否认，短视频已经成为建立银行与客户关系的工具，是制造流量的有力工具。比如结合某一类客户群体或假日节点，组

织各类主题的短视频大赛,让客户真正参与其中,成为具有较强黏性的铁粉。常见的短视频大赛有很多,如针对女性客群的"居家生活小妙招"、针对农区客群的"蒜王争霸赛"、针对中老年客群的"广场舞大赛"、针对白领客群的"办公室解压操"等短视频大赛。

第4章 CHAPTER

银行策略制定方法

在金融市场日趋激烈的竞争中,商业银行的营销策略不能仅是产品推介,更要注重与客户的深度沟通、情感连接,以及对客户的个性化服务。银行必须通过针对性的营销策略来打动客户,获得客户的认可和忠诚,从而保证业务的持续增长。本章会从金融行业正经历的四大变革、基于零售业务和对公业务的策略制定以及以业务为导向的营销策略制定3个方面阐述银行策略制定方法。

第1节 金融行业正经历的四大变革

在数字化浪潮的席卷之下,金融行业正经历着前所未有的变革,银行业也不可避免地身处其中。"银行将如何获利?"这应该是每个银行从业者一直在探询的问题。"获客+活客"是银行网点首先需要解决的问题。根据多年从业经验，我总结出金融行业正经历的四大变革，如图 4-1 所示。

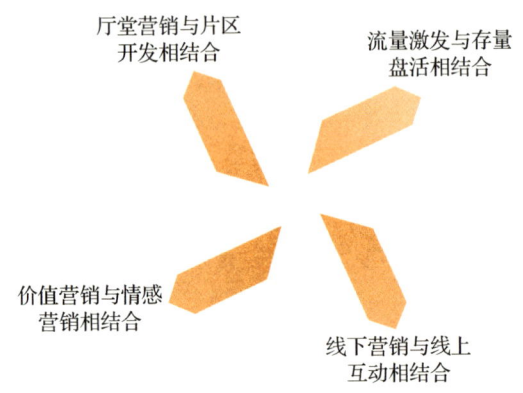

图 4-1　金融行业正经历的四大变革

- **厅堂营销与片区开发相结合**。"金融服务无处不在，就是不在银行网点。"这句话的意思不是厅堂不重要，恰恰相反，厅堂是银行客户服务和业务营销的阵地，是"定海神针"。"一行一策"，每个网点有着不一样的地区特色、产业环境、客户特性，要做好厅堂营销，就需要梳理片区资源，了解客户的真实情况和消费特征。"走出去"是指走到客户最需要你的地方，"请进来"是指把客户请到银行网点厅堂。
- **流量激发与存量盘活相结合**。当我们基于某一类金融产品和适配的场景去策划活动时，能启动的种子客户往往都是我们的存量客户。我们通过微信、CRM 系统等途径，向存量客户预告我们的活动信息，并且让存量客户真正得到实惠。我们通过社交媒体，让更多的流量看到非金融+金融组合政策的诱人之处并成功激发他们，让他们从了解我们的活动发展到了解我们的产品。
- ❑ **价值营销与情感营销相结合**。价值营销主要关注产品的功能性利益，强调产品的性价比、实用性等，通过向客户展示产品的实际价值，来吸引客户的注意力，增强其购买欲望。情感营销侧重于建立品牌与客户之间的情感联系，通过唤起情感共鸣，来加深客户对品牌的印象。将价值营销与情感营销相结合，可以兼顾客户的理性需求和感性需求。在带来真金白银实惠的同时，讲品牌故事，讲品牌与品牌之间的故事，得到客户情感上的认同，这可形成二次营销的基础，成为一笔宝贵的无形资产。
- ❑ **线下营销与线上互动相结合**。现阶段银行客户的转化，大概率还是要依赖线下人与人之间的互动和情感维系，厅堂正是线下营销的主战场。那么厅堂的人气又从何而来？在互联网高速发展的今天，客户不愿意来网点是一个事实，我们要解决的就是通过场景搭建来引流，充分利用最流行的新媒体工具，将线下营销和线上互动相结合。

社会中的一切痛点皆是我们的机会。之所以有以上变革，就是要达到一个目的——在客户的心目中，银行只有两家，一家是你，一家是其他银行。

第 2 节　基于零售业务和对公业务的策略制定

零售业务和对公业务是商业银行不可分割的两个主体。2023年，零售金融领域竞争激烈，但从年报来看，多家银行零售业务对利润的贡献明显低于其营业收入占比。而在对公业务方面，优质的公司客户资源往往掌握在国有银行手中，同时，监管进一步加强，严管过去的"手工补息"。那么，如何让零售业务和对公业务在激烈的赛道上突出重围呢？

零售业务：KYC 与 MOT，创造极致体验

我们在前文中分享过 KYC——"懂你的客户"，懂客户的生活，懂客户的生意。那么，如何在 KYC 的基础上为客户持续创造"爽点"，创造出极致体验呢？这时候就需要 MOT（Moment of Truth）——"关键时刻"。

对 MOT 的研究和分析是企业提升客户体验、增加客户满意度和忠诚度的关键步骤。无论是在 B2B 还是 B2C 领域，在前期刺激下单、商品购买前、商品购买时、商品使用时、商品使用后向他人分享阶段，都能形成客户与品牌、产品或服务的良好互动。值得一提的是，客户的评论会成为激活新客户的因素，只要在不同的 MOT 让客户觉得"爽"，那这种基于存量客户对增量客户的影响产生的成交就会在良性循环的轨道上越走越顺。

银行业零售业务一般包含存款、理财、保险、信用卡、消费信贷和个人信托之类的中间业务。在银行业的零售业务实操中，通过图 4-2 所示的 4 个阶段可以将 KYC 与 MOT 进行有机融合，从而为客户创造极致体验。

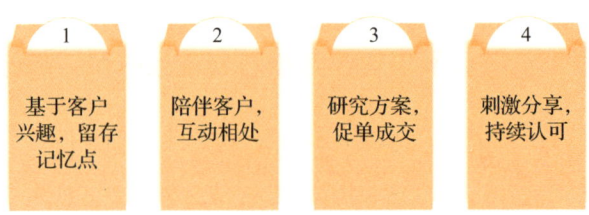

图 4-2　KYC 与 MOT 进行有机融合的 4 个阶段

1. 基于客户兴趣，留存记忆点

"基于客户兴趣，留存记忆点"指的是在客户与银行产品或服务互动的关键时刻，通过精准把握并满足客户的兴趣点，在客户心中留下深刻而积极的记忆点。这种记忆点有助于提升客户对银行的忠诚度和满意度，进而促进转化和留存。

以下是一些关于"基于客户兴趣，留存记忆点"的银行产品案例。

（1）定制化理财产品

- **背景**：某银行推出了一系列定制化理财产品，这些产品根据客户的风险偏好、投资期限和收益预期等个性化需求进行定制。
- **关键时刻**：客户在选择理财产品时，面对众多选项感到困惑。
- **记忆点**：银行通过智能推荐系统，精准识别客户的兴趣和需求，为客户提供个性化的理财建议。客户在感受到银行的专业性和贴心后，对银行产生了更深的信任。

（2）主题信用卡

- **背景**：某银行推出了一系列主题信用卡，如旅游、购物、娱乐等，每张卡都针对特定的消费场景和兴趣点。
- **关键时刻**：客户在申请信用卡时，希望找到一张与自己生活方式和兴趣相匹配的卡片。
- **记忆点**：银行通过对主题信用卡的设计，满足了客户的个性化需求。例如，旅游主题卡提供了丰富的旅游优惠和积分兑换服务，让客户在享受旅游乐趣的同时，也能感受到银行的贴心关怀。

（3）互动式金融教育

- **背景**：某银行为了提升客户的金融素养，推出了一系列互动式金融教育课程。
- **关键时刻**：客户在了解金融产品时，希望获得更多专业的知识和技能。
- **记忆点**：银行通过互动式金融教育课程，让客户在轻松愉快的氛围中学习金融知识。课程不仅涵盖了基础的金融概念，还结合客户的兴趣和实际需求，提供了实用的金融技巧和案例分析。客户在参与课程后，对银行的专业性和教育价值高度认可。

（4）社交媒体互动

- **背景**：某银行在社交媒体平台上积极与客户互动，分享金融知识、行业动态和趣味内容。
- **关键时刻**：客户在社交媒体上浏览内容时，希望找到与自己兴趣相关的金融信息。
- **记忆点**：银行通过社交媒体与客户互动，精准把握客户的兴趣点，为客户提供有价值的信息和娱乐内容。例如，某银行在节日期间推出与节日主题相关的金融知识分享和优惠活动，让客户在享受节日氛围的同时，也能获得实用的金融信息。

这些案例都展示了银行如何在关键时刻基于客户的兴趣留存记忆点。通过精准识别并满足客户的个性化需求，银行不仅提升了客户的满意度和忠诚度，还促进了产品的转化和留存。

2. 陪伴客户，互动相处

"陪伴客户，互动相处"指的是银行在客户使用产品或服务的整个过程中，始终保持与客户的紧密联系和互动，通过提供陪伴式的服务，增强客户的信任感和满意度。这种互动相处不限于交易环节，更贯穿客户体验的全流程，旨在建立长期稳定的客户关系。

以下是一些关于"陪伴客户，互动相处"的银行产品案例。

（1）全程陪伴的贷款服务

- **背景**：某银行为小微企业客户提供全方位的贷款服务，从申请、审批到放款、还款，全程陪伴客户。
- **关键时刻**：客户在申请贷款时，可能对贷款流程、利率、还款方式等存在疑虑。
- **互动相处**：银行客户经理通过面对面沟通、电话回访、微信互动等多种方式，详细了解客户的经营状况、资金需求及还款能力，为客户量身定制贷款方案。在贷款审批过程中，客户经理及时跟进审批进度，解答客户的疑问。贷款发放后，客户经理定期回访客户，了解客户的使用情况和还款计划，提供必要的支持和帮助。
- **效果**：通过全程陪伴的服务，银行不仅帮助客户顺利获得贷款，还增强了客户对银行的信任感和忠诚度。

（2）个性化的理财顾问服务

- **背景**：某银行为高端客户提供个性化的理财顾问服务，旨在帮助客户实现财富增值。
- **关键时刻**：客户在规划财富时，可能对市场动态、投资产品、风险控制等方面缺乏了解。
- ❑ **互动相处**：理财顾问通过深入了解客户的财务状况、投资偏好和风险承受能力，为客户制订个性化的理财计划。同时，理财顾问定期与客户沟通，分享市场动态、投资建议和风险管理策略，帮助客户及时调整投资组合，实现财富增值。在客户遇到问题时，理财顾问及时提供解决方案，确保客户的投资顺利进行。
- ❑ **效果**：通过个性化的理财顾问服务，银行不仅帮助客户实现了财富增值，还提升了客户对银行的满意度和忠诚度。

（3）便捷的在线客户服务

- ❑ **背景**：某银行推出便捷的在线客户服务系统，旨在为客户提供高效、便捷的金融服务。
- ❑ **关键时刻**：客户在使用银行产品时，可能遇到操作问题、技术问题或账户安全问题。
- ❑ **互动相处**：银行通过在线客服、智能机器人、电话客服等多种方式，为客户提供24小时不间断的服务。客户在遇到问题时，可以随时联系银行客服寻求帮助。银行客服通过耐心、专业的解答，帮助客户解决问题，确保客户能够顺利使用银行产品。同时，银行还定期通过邮件、短信等方式向客户推送产品信息、优惠活动和风险提示，增强与客户的互动和联系。
- ❑ **效果**：通过便捷的在线客户服务系统，银行不仅提升了客户的使用体验，还增强了客户对银行的信任感和满意度。

这些案例都展示了银行在关键时刻通过"陪伴客户，互动相处"的方式，提升客户的满意度和忠诚度。通过深入了解客户的需求和偏好，提供个性化的服务和支持，银行不仅帮助客户解决了问题，还建立了长期稳定的客户关系。

3. 研究方案，促单成交

"研究方案，促单成交"指的是银行在与客户互动的关键时刻，通过深入研究客户需求，制订个性化的服务或产品方案，以促成交易的达成。这一阶段强调对客户的深入了解，以及基于这种了解提供的定制化服务，旨在提升客户满意度和忠诚度，同时增加银行的业务量。

以下是一些关于"研究方案，促单成交"的银行产品案例。

（1）定制化贷款方案

- **背景**：某客户希望申请一笔贷款用于购买新车，但担心自己的信用记录不佳会影响贷款审批。
- **关键时刻**：客户与银行客户经理沟通贷款需求时。
- **研究方案**：银行客户经理在了解客户的信用记录、收入状况、购车预算等信息后，深入研究并制订了一个符合客户实际情况的贷款方案。该方案不仅考虑了客户的信用状况，还结合了银行的贷款政策和市场利率，为客户提供了最优的贷款条件。
- **促单成交**：通过详细的解释和专业的服务，客户对银行提供的贷款方案表示满意，并决定接受该方案。最终，客户成功获得了贷款，购买了新车。

（2）个性化理财规划

- **背景**：某高端客户希望银行为其制订一个个性化的理财规划，以实现财富的保值或增值。

- ❏ **关键时刻**：客户与银行理财顾问沟通理财需求时。
- ❏ **研究方案**：银行理财顾问在了解客户的财务状况、投资偏好、风险承受能力等信息后，深入研究市场趋势、投资产品特点和风险状况，为客户制订了一个个性化的理财规划。该规划结合了客户的投资目标和风险偏好，提供了多种投资选择和建议。
- ❏ **促单成交**：通过专业的分析和个性化的建议，客户对银行提供的理财规划高度认可，并决定接受该规划。最终，客户在银行开立了理财账户，并按照规划进行了投资。

(3) 企业金融服务方案

- ❏ **背景**：某企业希望银行为其提供全方位的金融服务，以支持其业务发展。
- ❏ **关键时刻**：企业与银行客户经理沟通金融服务需求时。
- ❏ **研究方案**：银行客户经理在了解了企业的经营状况、财务状况、融资需求等信息后，深入研究并制订了一个综合性的金融服务方案。该方案包括贷款融资、支付结算、外汇交易、风险管理等多个方面，旨在为企业提供全方位的金融支持。
- ❏ **促单成交**：通过详细的介绍和专业的服务，企业对银行提供的金融服务方案表示满意，并决定与银行建立长期合作关系。最终，企业与银行签订了金融服务合同，并开始合作。

这些案例都展示了银行在关键时刻如何通过深入研究客户需求，制订个性化的服务或产品方案，以促成交易的达成。通过深入了解客户的实际情况和需求，银行能够为客户提供更加精准、专业的服务，从而赢得客户的信任和忠诚。

4. 刺激分享，持续认可

"刺激分享，持续认可"指的是银行通过一系列策略和行动，激励客户在关键时刻分享他们的正面体验，并持续认可银行的产品和服务。这一阶段不仅有助于提升银行的品牌知名度和美誉度，还能吸引更多潜在客户，促进业务的持续增长。

以下是一些关于"刺激分享，持续认可"的银行产品案例。

（1）社交媒体分享活动

背景：某银行为了提升品牌知名度和吸引更多年轻客户，举办了一场社交媒体分享活动。

关键时刻：客户在银行享受了优质服务或体验了创新产品后。

策略：

- 银行鼓励客户在社交媒体上分享他们的体验，并设置话题标签，方便客户参与和查找。
- 对于积极参与分享的客户，银行提供一定的小礼品或优惠作为奖励。

效果：

- 客户积极在社交媒体上分享他们使用银行产品或服务的体验，吸引了大量关注和互动。
- 通过客户的分享，银行的品牌知名度和美誉度得到了显著提升。

（2）口碑营销计划

背景：某银行希望利用客户的口碑来推广其新产品和服务。

关键时刻：客户在使用银行新产品或服务后，对其性能和质量产生正面评价时。

策略：

- 银行制订了一个口碑营销计划，鼓励客户在社交媒体、朋友聚会等场合分享他们的使用体验。
- 对于分享效果显著的客户，银行提供额外的优惠或奖励，如积分、折扣券等。

效果：

- 客户的正面评价在社交媒体上广泛传播，吸引了更多潜在客户。
- 通过口碑营销，银行的新产品和服务得到了快速推广，业务量显著增长。

（3）持续认可计划

背景：某银行为了增强客户的忠诚度和黏性，推出了一个持续认可计划。

关键时刻：客户长期使用银行的产品和服务，并表现出高满意度和忠诚度时。

策略：

- 银行对长期使用其产品和服务并表现出高满意度的客户提供额外的优惠和服务，如专属客服、优先办理业务等。
- 银行定期向这些客户发送感谢信或礼品，表达对他们的认可和感谢。

效果：

- 客户的忠诚度和黏性得到了显著提升，他们更愿意继续使用银行的产品和服务。
- 通过持续认可计划，银行与客户建立了更加紧密的关系，为未来的业务增长奠定了坚实基础。

这些案例都展示了银行在关键时刻如何通过"刺激分享，持续认可"来提升品牌知名度和吸引更多潜在客户。通过激励客户分享正面体验、提供额外优惠和奖励以及表达对客户的认可和感谢，银行能够与客户建立更加紧密的关系，促进业务的持续增长。

【案例】

众所周知，上海的燃油车车牌需要拍卖竞得，而且价格不菲。围绕着上海车牌，衍生出了很多非金融服务和金融服务，比如车牌代拍，有效解决了很多车主多年拍不上牌照的问题；又比如车牌贷，有效解决了拍到车牌落地资金不足的问题。

我曾经有信心靠自己拍牌照，但最终发现技不如人，每次要么是网速跟不上，要么是出价有落差。于是我开始在抖音、小红书等新媒体平台上搜索"沪牌代拍"，而正是发生了这样的搜索行为，各平台基于大数据开始给我推荐代拍机构，以及很多金融产品，其中最多的就是车牌贷。

大数据真的可以做到"比你更懂你"，在推荐给我的众多视频中，某国有银行车牌贷产品吸引了我。一是因为短视频剧情有意思，二是因为我确实需要了解这类产品。审核快、放款快、利率低、随借随还等优势，让我不得不点击

"了解详情"去了解详情。

在等待下一轮拍牌的20天里,我经常会收到官方企业微信给我推送的有趣、有用的小知识,比如"车主卡每周权益指南""车险购买避坑指南""3招学会沪牌上牌流程",恍惚之间,我并不认为这是一家看中了我这个潜在客户的银行,它更像一个知心人、一个好朋友,他给我推送的,都是我想了解的。而且几乎每一个主题都有一个专属服务福利群,比如,我最近需要买车险,就可以加入车险福利群,了解更多车险产品,最重要的是可以比价。很显然,银行在跟我互动,在跟我相处。

当确认车牌竞拍成功时,我第一时间收到官方企业微信发来的祝贺,贺词下方附带着一张车牌贷申请海报,海报上有二维码,扫码就可以填写资料。此时,经过前期的品牌和产品植入,大多数客户的记忆点都已经形成,这家银行的产品对我来说是不二选择了。这时候银行从品牌的强定位开始,引导客户留资。在这个过程中,银行用最快的速度完成初审、计算额度、审批发放等动作。而我作为客户所关心的除了额度、利率、放款速度外,还需要反复盘算细节、反复比较,有任何产品和服务等方面的疑问,都需要有专属客户顾问解答。

在产品使用过程中,也常有超预期的惊喜出现,这主要体现在各种权益兑换上,也体现在服务激活、新业务展现、业务提醒、优惠推送、小游戏互动、快捷升级等方面。另外,该行经常会邀请客户分享,通过分享集赞等方式让客户与更多亲朋好友互动,以赢取更多福利。它们占领了客户心智。

分析:从社交平台到银行官网,从关注银行公众号到添

> 加官方客服企业微信，这就是MOT的第一个阶段——基于客户兴趣，留存记忆点。捕获客户的兴趣和偏好，这是第一步，也是KYC最坚实的一步，是懂客户最基础的需求。在等待下一轮拍牌的20天里，企业微信一直推送车主相关知识与我互动，这就是MOT的第二个阶段——陪伴客户，互动相处。车牌竞拍成功后，企业微信立即引导我留资，快速提供产品方案，这就是MOT的第三个阶段——研究方案，促单成交。在产品使用过程中，该行还会不定期为我提供各项权益，彻底征服了我，这就是MOT的第四个阶段——刺激分享，持续认可。

总而言之，KYC与MOT的融合主要以客户旅程为主线，全面提升客户连接能力，这涉及客户的声音收集、端到端客户旅程链路打通、客户视角洞察、数据指标建设、持续优化与管理、触点管理与场景优化、感知价值传递、情绪价值传递，这是完整客户旅程的价值落地过程。

对公业务：聚力共生，美美与共

在现阶段，对于大多数商业银行而言，对银行利润起决定性作用的还是对公业务，它影响着甚至是左右着商业银行经营管理的整体布局，是构成商业银行效益的基础。

要分析基于对公业务的策略，我们必须先从对公业务自身发展空间、客户角度和风险角度3个方面进行剖析。

- ❏ 从自身发展空间角度来看，传统对公业务发展的空间越来越小。市场向着充分竞争的形态演进，价格竞争的空间逐步缩小，息差不断收窄，通过继续收窄息差来吸引客户，从而增强竞争力的可能性在降低。另外，金融非中介化使得企业客户融资空间变得更加广阔，传统存贷款业务的量化比重明显下降。

❏ 从客户角度来看，传统对公业务的发展受限越来越大。市场体系在不断健全，企业的经营管理越来越遵循市场模式运作，过去那种利息较高的短期借款或者较大的货币资金量，很难再在当今的市场化企业中出现。这种变化，是时代发展的产物，是不可逆的，它会给银行过去那些用资产带动负债的业务，带来巨大的限制和挑战。换句话说，企业要考虑自身的生存问题，财务在内的各项管理操作要越来越正规，通过增加公关费用的方式来维护一个存量客户已经不太现实。现代企业制度的建立，使得国内商业银行面临客户结构和客户需求多样化的新局面，客户的问题变得有层次、有差异。

❏ 从风险角度来看，传统对公业务带来的风险与日俱增。商业银行经营的特殊性，使得商业银行的经营活动具有极高的风险，这就给商业银行提出了更高的要求。全面掌握客户情况是风险防范的前提。客户经理必须深入了解客户的基本情况，比如主要责任人的人品、能力和信誉，公司的治理结构、组织架构、团队情况，公司的名称变更、股东变更等；还必须了解客户的经营情况，比如财务情况、市场情况、环境影响、产品生命周期、市场占比、生产流程、工艺流程、应收账款、库存、股东权益等。特别是对客户资金的来源和运用情况、货款的回笼情况、资本金的来源和真实性等进行充分了解。

理解了这 3 个方面，我们就理解了为什么近年来对公业务增长乏力，容易大起大落。目前客户的基础比较薄弱，但这恰恰意味着可挖潜的空间非常大。银行应当看到企业客户有太多需要我们帮助解决的问题，企业客户有更多的公私联动的机会，银行本身的资源和平台属性应当成为其与客户交换价值的底气。

> **【案例】**
> **节点**：3·15 消费者权益保护日
> **地点**：兴业银行某地分行
> **任务 1**：房企、车企贷款营销
> **任务 2**：提前还房贷的好处和坏处，以及相关政策解读
> **主题**："小兴看房帮帮团"直播
>
> 2024 年应该是改革开放以来房地产行业最艰难的一年，作为伴随着国家城镇化建设的大浪潮发展起来的行业，同样在大环境的裹挟下步入寒冬。在"房住不炒"的大背景下，无论是新房还是二手房，买卖都变得越发艰难。
>
> 开发商的日子不好过了，银行的日子好过吗？
>
> 从 2023 年以来，很多客户都在申请提前还房贷，从这一现象来看，银行的日子也不好过。房贷是银行的优质资产业务，也是众多银行的必争之地，买房办理贷款后还款期限一般是 5～30 年，为什么会有不少人在还款过程中选择提前还房贷？原因主要有以下几点。
>
> 一是减少房贷利息。选择提前还房贷的客户，房贷利率基本上是 5%～6%，甚至更高，提前还房贷是为了节省利息。即使客户的房贷利率执行新的 LPR（贷款市场报价利率），但是由于所加的基点不会发生变化，在利率下调的前提下客户需要支付的房贷利息也不会明显减少。
>
> 二是减轻月供压力。在提前还房贷时，客户可以选择减少月供、保持贷款期限不变或者月供不变、缩短贷款期限。

如果选择减少月供、保持贷款期限不变，那对于客户来讲，每个月的还款金额就减少了，月供的压力也就得到了缓解。

三是消费者收入下降。2023年以来，与职场有关的关键词再也不是"升职""加薪"之类，而是"裁员""降薪""失业"等。2024年元旦期间热播电影《年会不能停》中"广进计划"桥段里提到的"裁员广进"，被广大网友调侃为不像演的，像是在指名道姓说自己的公司。此外，中国人传统观念中的"无债一身轻"也对提前还房贷起到一定的促进作用。

四是投资收益率下降。A股长期徘徊在3000点，很多投资项目的收益率要低于房贷利率。当投资收益率低于4%时，选择提前还房贷反而是最好的投资方式。"你不理财，财就不会离开你"，过去听起来是笑话，如今却像是一语成谶。

一边是房市遇冷，资金回笼压力大；一边是提前还房贷，利润在减少。对于银行而言，这就是明明看着客户需要资金，却遭遇着"两头堵"的现实。

在此大背景下，兴业银行某地分行联合本地多家房地产开发商，打造了"小兴看房帮帮团"直播间，主播在直播间卖力地宣传楼盘产品：全国不同地区有哪些人气楼盘？今天在小兴直播间有什么优惠？员工内购会有怎样的优惠？今天直播间预约看房还可以享受到哪些兴业银行房贷政策优惠？主播在带粉丝云看房的同时，还会向粉丝们普及提前还房贷的好处和坏处。

分析："不知道从什么时候开始，我们和客户（房企）之间的甲乙方关系对调了，过去是开发商托人找关系主动与我们建立联系，现在是各家银行排着队要与开发商合作，好不容易排上了，人见过了，微信也加了，最后却不了了之。"这是一位对公业务资深从业者的由衷感慨。

问题到底出在哪了？解题还是要从解决客户的问题开始。房企客户近年来到底面临着什么样的问题？缺钱吗？是的，太缺了。那为什么不在我行贷款，更何况我们开出的利率条件更加优惠？

作为银行，打动客户的可能不是你的利率，尤其是中大型企业客户。为什么这么说？企业客户与银行对公客户经理对接的岗位通常是董事长、大股东、财务总监等，这类群体关注的不仅仅是金融机构的利率，他们更关注与某家金融机构合作能给他们带来什么，比如客户资源、财税服务、业务升级等。

我们的解题思路是，一面通过宣传帮助开发商卖房回笼资金，一面向客户宣传提前还房贷的利弊。

前面提到，我们和客户之间的甲乙方关系对调了，客户不太愿意接受我们的嘘寒问暖，对于客户而言，我们的嘘寒问暖对他来说是无效社交。

思考： 既然房贷是银行的优质资产，为什么在直播间还会普及提前还房贷的好处呢？

第3节　以业务为导向的营销策略制定

银行主要业务可以分为三大类，分别是负债业务、资产业务和中间业务。因为负债业务是商业银行最主要的资金来源，资产业务是商业银行的主要收入来源，所以本节主要从这两个方面阐述如何制定营销策略。

负债业务：低成本揽储离不开场景化获客

前些年，商业银行纷纷发行"靠档计息"定存产品来吸收存款，包括各种创新存、特色存。这些产品丰富了银行负债端的来源，但也使得负债成本上升，同时增加了银行的流动性风险。

此后，为降低银行存款利率，推动贷款利率下行，降低实体经济融资成本，央行先后出手整治特色存款、结构性存款、靠档计息等存款产品。

另据统计，1年期的定期存款在一家银行的占比为50%~60%。很多银行会在开门红期间通过大额存单来吸引客户，其实这无形之中就增加了揽储成本。

低成本揽储的渠道有哪些？商圈商户流水、社区个人存款、企业代发、代收代缴、聚合支付等都是低成本揽储的重要渠道。

【案例】

节点：开门红旺季营销前（10月1日—12月31日）

地点：面向全国各分支机构

任务：开门红揽储蓄客

主题：社区广场舞大赛

本次活动从9月初开始预热，10月1日之前完成所有参赛队伍报名的工作，这个时间段我们称为预热期。10月1日—12月31日为赛事引爆期，其中10月1日—11月30日为海选时间段，12月15日—12月31日是为期半个月的决赛时间段。在新的一年的1月至春节前这个时间段，举办一场颁奖典礼。

在10月1日之前的报名时间段，要求各级人员积极联系网点周边社区、街道舞蹈队等，广泛宣传本次活动。参加对象为全国19个省市及所属各县市区、单位等，每支参赛队伍为15~20人，其中包括领队1人，替补选手不得超过4人。每家网点需要召集最低20支参赛队伍，这个要求看似有点高，但在实践操作时会发现，大多数地区的网点都是超额完成的。

我们将揽储蓄客这个步骤放在了报名时间段。因为在本活动中，获奖队伍是有相应奖励的，有我行准备的现金奖励，也有合作商户提供的优惠券和实物礼品奖励，所以该活动只针对我行客户，也就是说参加活动前必须是我行存款客户，如果不是，就需要开卡存款报名，而且存款门槛很低，开卡存1000元就可以成功报名。那段时间，我们的营销人员积极寻找关键人，邀请他们组织人员来到厅堂开卡、存款。

在比赛方式上，第一轮是海选赛，各参赛队伍需要在我行网点门前或以我行广场舞大赛Logo为背景进行展示，自选集体舞蹈，形式不限，时间为3分30秒~5分钟，录制视频并发送到本次活动统一网上平台拉票，持有本行银行卡的客户可登录本行微信银行投票；采用线上投票评分+专业评委投票评分的方式，其中线上投票评分占比60%，专业评委投票评分占比40%，加权平均并合成总分后，每行依据总分评选出前10%的队伍进入决赛。银行为每支进入决赛的队伍提供2000元活动经费，主要用于决赛的置装费用。其中还有一个有趣的现象，一些参赛队伍除了用所分配的置装费用外，还自己掏腰包凑份子，请专业舞蹈教练帮忙编舞和指导。

第二轮为决赛，采用线上评奖方式，线上投票评分占比60%，专业评委投票评分占比40%，加权平均后决出23支参赛队伍发放奖金。进入决赛的队伍随机抽取出场顺序，根据表演的精神面貌、动作整齐度、动作协调性以及节奏的准确性，评出本届大赛获奖队伍。

本次活动在报名期间仅用18天的时间就开了2.5万张卡，实现存款3.5亿元。

分析：该活动有以下亮点：一是瞄准广场舞爱好者这一重要目标存款客群，拓展基础客户；二是通过全国性活动，集中资源，设置吸引力奖项；三是在活动过程中通过与当地网络大V联名、朋友圈投票、抖音视频号宣传扩大活动影响力；四是与当地妇联、街道办、老年大学、周边社区合作进行活动宣传、参赛选手招募；五是联系体检中心、药店、体育文娱用品商店等商户开展异业联盟，提供活动体验卡、优惠券等礼品，扩大本行在周边商户中的口碑。

在海选和决赛环节，采用了线上投票评分+专业评委投票评分的方式。这样设置有几点原因：一是充分调动客户参加活动的积极性和激发线上拉票的热情；二是最大化保证评分的公平、公正、公开；三是扩大该行本次广场舞大赛的影响力。

在本次活动中，我们的任务是什么？是揽储蓄客。那么在整个比赛流程中，什么时候拉存款是合适的时机呢？一般的思路是：在组队和日常训练的时候与参赛队员们保持良好的关系，在比赛投票过程中设置存款门槛来获得投票资格，在比赛结束后的颁奖典礼上引导参赛队员们来我行存款。

思考：该活动还可以针对颁奖典礼做更深层次的延续，例如"××银行广场舞大赛颁奖典礼暨线上春晚（村晚）"。为什么要这样做？这个流程中又蕴藏着怎样的揽储蓄客宣传和营销机会？如何策划和实现？

资产业务：做行业专家，深入场景做服务

从 2023 年年末开始，存贷款利率"双降"，新一轮的降息潮到来，政策利率密集下调，这集中体现了"稳经济、促经济"的政策风向。存款利率下降使得居民储蓄需求受到一定程度的抑制，消费与投资需求拉升；贷款利率下调使得更多资金流入实体经济，有利于稳投资、促消费、扩内需，加固经济基本盘。

前文提到，很多客户在当下不是不缺钱，而是他们缺的不仅仅是钱。为什么选择在我行贷款？利率只是其中的一个因素。做行业专家、懂客户的生活、懂客户的生意、解决客户的问题永远是资产业务获客的不二法则。

【案例】

节点：中国共产党成立纪念日

地点：某国有银行昆明分行

任务：企业授信到用信转化

主题："助企纾困——行长直播进企业"直播活动

我们筛选和提炼了白名单客户，走进客户生产企业，在产品展厅为客户的产品做直播带货。以首场深入场景为客户提供服务的活动为例，具体步骤如下。

第一步，以支行为单位，结合当地产业梳理授信白名单客户，盘点特色产品，并分析白名单客户产品、市场状况。在昆明东川，有一款面条号称"云南第一面"，当地从事面条生产、加工、销售产业链上下游生意的中小微企业、家庭作坊非常多，其中有相当一部分是我行已完成批量授信的准客户或存量客户。然而，受多种因素影响，客户当下面临两重困难：一是客户复工复产资金难；二是往年礼盒装的产品

很畅销，但当年一大批礼盒装产品积压成堆。

第二步，支行行长带队上门洽谈，确定直播间福利、产品优惠结构，帮助客户将面条产品上架到我行福利平台，同时初步敲定信用额度和贷款发放流程细节。

第三步，确定本次直播出镜人员分别为企业主、支行行长、分行副行长3个人，值得一提的是，分行副行长是"助企纾困——行长直播进企业"系列活动的驻场主播，每场直播都会出镜。

第四步，直播间通过介绍产品特色、试吃、我行福利等互动环节，引导客户下单。其实，我们通过直播介绍客户产品时，也在对我行的形象、产品和服务进行宣传。

第五步，请当地电视台采访，同步播放活动采访片段。在新媒体时代，我们依然不能忽视传统媒体的作用。尤其是这些年来，全国几乎所有的广电中心都更名为融媒体中心，我们也可以将其理解为传统媒体＋新媒体中心。

这次活动可谓"有表又有里""务实又务虚"，出镜接受电视台采访的一共有4个人，分别是两位企业代表、支行行长和分行副行长。"今年我们的生意确实难做，往年的礼盒装产品尤其不好卖，××银行是第一个帮助我们的，我对它的服务特别满意。它的贷款发放速度也很快，3天就到了我们的银行账户……"这是企业主面对镜头接受采访时说的原话。企业代表主要表达的是当下遇到了怎样的困难，以及银行是怎么帮助他们的。支行行长接受采访时说："我们针对清单中的企业第一时间上门做了服务，也给予了相应的授信……"支行行长主要表达的是他们具体是怎么干的。而最后出场的分行副行长讲的是："这样的优质企业在经营上遇到了困难是谁也不想看到的，未来我们会充分利用我们国有银行的品牌影响力和优质服务能力，来帮助更多的企业走出困境……"这一收尾，使得该行格局打开了，站位也提升了。

分析： 从这个活动主题中不难看出，这是由行长亲自走进企业、走到直播镜头前，为企业做宣传、引流的直播活动。

这个活动举办的起因：在上半年，我们结合地区特色和产业结构，定制开发信贷产品，针对各支行辖区范围的企业进行批量化授信，取得了不错的效果，但是随着时间的推移，我们发现授信和用信之间有很多问题。最扎心的是，在同等利率优惠的情况下，客户选择了其他银行的贷款产品，而没有选择我们。

我们的解题思路是"跳出银行办银行，深入场景做服务"。

金融始终要帮助地方实体经济不断向前发展，这是金融的使命。企业面临着"进出两难"的问题，我们有资金，同行也有，我们有深谙客户心理的服务，同行未必有。"人无我有，人有我优"，在任何时代的任何竞争场景下都不过时。

第 5 章 CHAPTER

客群分析方法

从 2012 年左右开始到现在，移动互联网给银行业带来了全方位的刺激和挑战。这十多年来，得益于数字化转型和新媒体营销的高速发展，从服务方式到服务内容再到服务分工，都发生了很大的变化。如今，客户被动地选择"个性化推送"，如各种折扣、福利、满减、赠送、优惠、打卡签到等，但是客群经营的核心没有发生改变，那就是触达和培育客群。

在数字时代，客群的变迁不再流于形式。你如果还停留在以资产规模或贡献程度作为衡量和区分客群的条件这个层面，就是陷入了经营理念的陷阱。

客群的内核到底是什么？客群不是简单的一群客户信息的堆叠，而是有着共同属性的客户需求的聚集，是获得某类共同的价值认同后出于共同需求形成的合作机制。无论是哪一类客群，他们都需要被理解、被尊重，需要被"举高高"，需要参与感、仪式感和归属感。

"家人们……"是短视频和直播间常用的口头语，其本质就是在用"家人"来界定客群。既然客群是家人，那就不妨搞清楚3个问题——"关你什么事？""关我什么事？""关咱们什么事？"

第1节　客群分析四步法

客群对于很多银行人来说，既熟悉，又陌生。熟悉的是客群早就在我们的系统里，陌生的是客群从未真正属于过我们。在我们的眼睛里往往只流露出一种渴望——达成业绩指标，以至于根本没有停下来思考过"我要获得什么样的客""为什么要获得这样的客"。"砍柴者众，利刃寡"，越不思考，越落后。接下来将具体介绍客群分析四步法。

市场分析："颇具价值"的基础信息

前端营销人员的排兵布阵，依赖于强大的中后台支撑。数字化工具和新媒体工具成为营销人员进行客群市场分析的重要数据来源，分工明确的组织力量不容忽视。数字化工具的管理、新媒体运营、客群行为分析、客群运营策划，已经不再是一个人或一个岗位就可以完成的，而是需要一个强有力的中后台组织。对SCRM（社会化客户关系管理）系统、手机银行、企业微信、个人微信等工具的组合运用，更加需要前端和中后台进行一体化协同作战。

客户的基本信息包括姓名、昵称、性别、生日、地址、籍贯、年龄、学历等。

数据的颗粒度越精细,客户画像就越精准。"颇具价值"的基础信息除了上述基本信息之外,还应包括个性信息、工作信息、行动轨迹、家庭情况、联系方式、资产管理规模(Asset Under Management, AUM)、交易信息、活跃信息、渠道信息等,具体见表 5-1。

表 5-1 "颇具价值"的基础信息

名称	具体内容
个性信息	包括母校、生日、星座、身高、身材、喜好、性格、身体状况等
工作信息	包括工作单位、职务、工资收入、工资满意度等
行动轨迹	包括停留过的城市、旅游过的地方、喜欢的城市、想去旅游的城市等
家庭情况	包括配偶信息、孩子信息、父母信息、纪念日信息等
联系方式	包括手机号、微信号、QQ 号、抖音号、邮箱等
AUM	包括存款、理财产品、基金投资、保险产品、贷款和信用产品、私人银行服务等
交易信息	包括 AUM 现状、交易偏好、交易时间等
活跃信息	包括手机银行 App 打开时间喜好和打开时长、浏览习惯、常用功能等
渠道信息	又称触达渠道信息,包括手机银行 App、公众号推文、海报、短视频、直播间、传统媒体广告等

此外,营销人员还可以通过微信备注信息将客户按照金额、产品、频次分别标注,企业微信可以直接使用"标签"功能;通过微信通讯录分组功能将客户分组,如社区团购组、理财保险组、收单商户组等。

各家银行的数据应用系统相差甚远，所以能够为一线服务的数字化工具和新媒体工具各不相同，数据采集、分析的途径和维度也有很大差别。对于绝大多数银行来说，对 SCRM 系统、手机银行、企业微信、个人微信等工具组合应用是可行的。

客户画像：立体多维度的客户形象

大数据的应用领域几乎涵盖了各行各业，金融行业一直是大数据应用的领航者。我国大数据应用投资规模最高的三大行业分别是互联网行业、电信行业和金融行业。

国内很多银行早就开始尝试通过大数据来驱动业务运营，比如中信银行信用卡中心利用大数据技术实现了实时营销，光大银行建立了社交网络信息数据库，招商银行利用大数据大战小微贷款等。但是，值得注意的是，银行拥有的客户数据并不全面，若仅依靠自身拥有的数据甚至有可能对决策产生一些误导。所以银行既要考虑对自身业务数据的采集，又要考虑整合外部互联网平台、线下商超、电商平台、交通出行软件、社交新媒体平台、支付结算机构、行业供应链等领域的数据。

某位信用卡客户月均刷卡 5 次，每次刷卡金额 500 元左右，平均每 3 个月拨打一次客服电话，投诉率为 0。根据这几个维度的统计，该客户画像为满意度高、流失风险低的信用卡存量客户。但是，如果这位客户添加过银行某一位客户经理的微信，该客户经理通过朋友圈也许可以看到该客户在他的单位参加过他行信用卡的活动；该客户曾经在朋友圈抱怨过额度太低；该客户曾经有过拨打投诉电话的行为，但是长时间打不进来。这类信息都是银行不知道的。

大道至简，我们需要紧密围绕一线业务场景进行"精耕细作"。

这是一个大数据的时代，但是总行层面的大数据真的能够完全指导一线网点人员的营销吗？我们要成为的是老百姓身边的银行人，除了冷冰冰的数据，更需要人情味。相比"大数据"，一线营销人员更加需要的是"小数据"。数据小到今天做一场厅堂沙龙后拿到的有效数据，小到录制了一条短视频后在评论区拿到的有效数据，小到今天在一场社区关爱老年人健康主题直播结束后拿到的有效数据，小到今天通过客户朋友圈收集整理到的有效数据。

在此，我下面介绍一个利用微信朋友圈进行客户画像构建和归档的"土办法"。朋友圈像是一面镜子，我们通过观察客户的朋友圈，能够了解到客户的基本情况。从朋友圈中，我们主要看三大类数据：身份数据、个性数据和消费习惯数据。

建立和归档客户画像的参考模板如图5-1所示。

	客户数据档案表				
身份数据	姓名	年龄	籍贯	职业	家庭结构
	小贤	25岁	四川内江	摄影工作者、微商	已婚（养宠物）
个性数据	兴趣	爱好	专业	性格	
	旅行、遛狗	赚钱	财务	外向、活泼	
消费习惯数据	常常去的场所		消费侧重		
	公园、办公场地、家		买化妆品、狗狗日用品		

图5-1 建立和归档客户画像的参考模板

这件事情不难，但贵在坚持，它是一个量变引起质变的过程。试想每天在你的微信朋友圈里挑 3 个客户完成这张表格的收集整理，一个月或一年后，一定会有不一样的收获。"日拱一卒，功不唐捐。"

RFM 模型：3 个维度划分客户价值等级

客户关系管理是管理学中的一个重要概念，旨在提高企业的核心竞争力，通过提高企业与客户的交互性及优化客户管理方式，实现吸引新客户、保留老客户以及将已有客户转化为忠实客户的目标。其中最为经典的实现模型就是 RFM 模型（见表 5-2），它主要通过最近一次交易距离现在的时间、交易频率和交易金额来对不同的客户进行价值划分，使得我们可以针对不同客户进行个性化运维和营销。

表 5-2 RFM 模型阐释

名称	含义
最近一次交易距离现在的时间（Recency）	表示客户近期购买产品的情况。该值小，表示近期客户购买过产品，说明客户价值高；该值越大，表示客户流失的可能性越大，价值也就越低
交易频率（Frequency）	表示客户购买产品的频率。该值越大，说明客户对产品的依赖度越高；该值越小，说明客户对产品的依赖度越低
交易金额（Monetary）	表示客户每次购买产品时交易金额的大小。该值越大，说明客户对产品收入贡献越大，价值就越高；该值越小，说明客户对产品收入贡献越小，价值也就越低

基于 RFM 模型分析将客户划分为重要价值客户、重要发展客户、重要保持客户、重要挽留客户、一般价值客户、一般发展客户、一般保持客户、一般挽留客户 8 个级别，具体见表 5-3。

表 5-3 基于 RFM 模型的客户分级

客户分级	R（时间）	F（频率）	M（金额）	精准化服务
重要价值客户	高	高	高	可重点服务
重要发展客户	低	高	高	需要重点维持
重要保持客户	高	低	高	需要唤醒召回
重要挽留客户	低	低	高	需要挽留
一般价值客户	高	高	低	需要挖掘
一般发展客户	高	低	低	有推广价值
一般保持客户	低	高	低	一般维持
一般挽留客户	低	低	低	即将流失

以互联网循环贷款中 RFM 模型的实战应用为例。互联网循环贷款产品的特征是客户可以在授信的额度和时间内，根据个人资金需求的实际情况随时用款。不同存量客户最近一次用款距离现在的时间、用款频率和用款金额对于客户数字化运营和后续营销策略迭代起到了重要的作用。

我们通过制定标准判断 RFM 模型中不同维度的价值高低，为每一个维度都设定一个阈值㊀，用来划分客户在该维度的价值高低，高价值的客户定义为 1，低价值的客户定义为 0。阈值的确定可以根据数据分布情况采用中位数、加权平均值、业务经验或二八定律等规则来确定。

1. 确定每个客户的 R 值

假设我们用客户数加权求 R 值的平均值的方法来计算阈值（评分乘以客户数再除以客户数之和），那么表 5-4 所示情况阈值为 2.225，四舍五入为 2.2。R 值大于 2.2 的客户在该维度属于高价值客户，用 1 表示；R 值小于 2.2 的客户在该维度属于低价值客户，用 0 表示。

㊀ 阈值，又叫临界值，是指一个效应能够产生的最低值或最高值。

表 5-4 客户 R 值评分范例

最近一次用款距离现在的时间/天	R 值评分	客户数
1～7	5	262
8～15	4	1638
16～30	3	1013
31～60	2	1156
>60	1	3394

2. 确定每个客户的 F 值

假设根据业务经验，用款频率为 5 次以上的客户为高价值客户，对应的 F 值评分为 3，那么 F 值大于 3 的客户在该维度属于高价值客户，用 1 表示；F 值小于 3 的客户在该维度属于低价值客户，用 0 表示。客户 F 值评分范例见表 5-5。

表 5-5 客户 F 值评分范例

用款频率/次	F 值评分	客户数
>12	5	1063
9～12	4	801
5～8	3	1369
1～4	2	1590
0	1	2685

3. 确定每个客户的 M 值

客户的用款金额与客户资质、资金需求和授信额度息息相关，低额度客户的基数较大但贡献度较低，高额度客户的数量少但贡献度高，适用二八定律，通常也可以根据业务经验来确定。这里我们根据业务经验确定用款金额阈值为 25 000 左右，那么对应 M 值的评分为 3，M 值高于 3 定义为高价值客户，用 1 表示；M 值小于 3 为低价值客户，用 0 表示。客户 M 值评分范例见表 5-6。

表 5-6　客户 M 值评分范例

用款金额 / 元	M 值评分	客户数
>40 000	5	126
30 001～40 000	4	434
20 001～30 000	3	951
10 001～20 000	2	1687
0～10 000	1	4310

当我们确定了 RFM 模型 3 个维度的分值后，所有客户的 RFM 维度均可以用 1 或 0 来进行标记，我们将不同的客户分为 8 级。客户分级范例见表 5-7。

表 5-7　客户分级范例

客户分类	R（时间）	F（频率）	M（金额）	精准化服务
重要价值客户	1	1	1	可重点服务
重要发展客户	0	1	1	需要重点维持
重要保持客户	1	0	1	需要唤醒召回
重要挽留客户	0	0	1	需要挽留
一般价值客户	1	1	0	需要挖掘
一般发展客户	1	0	0	有推广价值
一般保持客户	0	1	0	一般维持
一般挽留客户	0	0	0	即将流失

关键分析：关键点主导购买决策

针对不同客户特征，应通过不同策略在关键点主导购买决策。客户关键决策范例见表 5-8。

第 5 章 客群分析方法

表 5-8 客户关键决策范例

客户分类	R	F	M	客户特征	关键决策
重要价值客户	1	1	1	1. RFM 模型 3 个维度均为高值 2. 该类客户已对产品形成品牌认同，可持续对产品贡献价值 3. 竞品争夺的壁垒较高，不易流失	1. 为客户提供重点服务 2. 激励优质客户宣传产品
重要发展客户	0	1	1	1. 用款金额和用款频率都比较高，但最近一次用款距离现在的时间较长 2. 客户资质相对优质，且曾经为重要价值客户 3. 客易被竞品拿下，有流失的可能	通过发放利息优惠券方式激励客户用款 通过电话、短视频、直播等方式对客户进行关系维护
重要保持客户	1	0	1	1. 近期有高额度用款，但用款频率低 2. 有可能是刚获得高额度授信的优质客户	1. 密切关注客户后续还款情况，如果还款行为良好，需要进行重点维护 2. 定期向客户宣传贷款产品信息，提示客户加大用款频率
重要挽留客户	0	0	1	1. 历史上有用款高额度记录，但是频率低且近期无交易 2. 客户资质较优，但可能已经流失	1. 关注客户还款情况 2. 针对还款行为良好的客户采用提高额度或发放利率优惠券的方式召回
一般价值客户	1	1	0	1. 用款频繁且有近期交易记录，但用款金额不大 2. 可能是前期授信额度较低的客户	1. 根据最新风险政策对客户授信额度进行提升 2. 引导客户提交增信工具提高客户授信额度
一般发展客户	1	0	0	近期有用款记录，但用款金额低且频率不高	基本为资质一般的新客户，需要关注对客户还款情况后再制定措施
一般保持客户	0	1	0	1. 用款行为曾经频繁，但近期无用款记录且一次用款金额较小 2. 客户资质一般，导致授信额度较低，存在流失的可能	在成本可控的情况下，可采取低成本措施触达客户，引导客户回流
一般挽留客户	0	0	0	1. 客户近期无用款，且用款金额小、频率低 2. 基本确定为低价值客户或已经流失的客户	对此类客户不投入过多资源和精力来维护价值不大

要落地以上客群分析方法需要前中后台密切配合，涉及从思维认知的提升、人员分工、工具应用、产品设计、营销策划、跟踪服务，对于传统银行而言，这需要建立敏捷型组织，将技术手段和"人间烟火气"紧密融合。

客群分析也应当以结果为导向——为特定人群提供属于他们的金融产品。当我们面临产品同质化竞争时，无条件压降利润空间打价格战是下下策。

第 2 节 七大类重点客群分析

随着增量市场拓客成本的不断提高，银行不得不重视客群的精细化运营。需求吻合、时机刚好、价值匹配，从粗放式营销到精准化触达，要实现这些，对客群进行细分成为关键。本节针对银发客群、女性客群、亲子客群、年轻客群、商贸结算客群、外出就业创业客群、种植养殖客群进行具体分析。

银发客群

"莫道桑榆晚，为霞尚满天"，当下我国人口老龄化程度进一步加深，老龄社会新形态的格局已经形成。面对老龄化浪潮，银行业更加需要多举措服务老年客群，用金融工具、产品、服务助力老年人对美好生活的向往。

银发客群的主要特征见表 5-9。

表 5-9 银发客群的主要特征

特征	具体说明
社会身份角色发生转变	从生理到心理，从精神状态到社会地位，都在发生变化。过去是社会经济活动的主要力量，如今从社会财富的创造者转变为消费者

(续)

特征	具体说明
求稳的金融投资理念根深蒂固	大多倾向于保守型策略，排斥中高风险金融产品，同时对资产收益相对敏感，在意金融产品和服务的价格，往往在购买之前会做充分的比对
依赖线下的同时对线上慢慢接受	有部分人对新媒体渠道比较排斥，对线下网点有着执着的情结，但也有部分人渐渐习惯使用自助设备、电子银行、新媒体渠道
对银行的忠诚度相对较高	往往是对银行网点忠诚度最高的客群，他们一旦认可了这家银行，或者银行网点里的某位工作人员，一般不会轻易转换到其他银行
对于品质养老的需求与日俱增	无论是城区市场还是农区市场，他们在吃、穿、住、行、娱、医等方面的消费比重越来越高，在这样的大前提下，蕴藏着更多适老人群的金融服务和产品需求

近年来已经有不少银行在积极提供"适老化"服务，比如打造爱心专区，在网点设立"爱心窗口"和配备"爱心座椅"、老花镜、轮椅等助老设施；在手机银行App中推出"大字版""长辈版"等功能，优化服务体验；为行动不便的老年客户提供上门服务，延伸服务半径；针对老年人健康需求和反诈能力薄弱的问题，举办老年人金融网点沙龙、线上直播和短视频教育宣传，提升健康意识和风险防范意识。

对于银发客群，我们需要围绕健康、养老、医疗等领域，尤其是围绕硬件设施、社区服务、人文关怀和知识学习等方面的需求，匹配更加适合他们的金融生态场景和触达活动。当然，也包括引进各类相关服务企业参与其中，如康养医疗、旅行服务、体检、居家护理、优惠购物、文化娱乐等。

女性客群

"一个女性背后是3个家庭"，这是多数商家在研究女性客群时得出的结论，这也从侧面反映出如今的女性撑起了家庭的大半边天。在"她经济"时代，女性是朋友圈传播的第一生产力，"得女性者得天下"。

女性客群的主要特征是：爱美且有独立的审美，爱购物且易冲动消费，对价格相对敏感，忠实于活动权益，最重要的是善于管钱。

女性可以是银行哪些产品的客户？答案是包括存款、信用卡、消费贷、理财、基金、保险、贵金属等在内的几乎所有产品。在我们的网点周边，那么多女性客户又该如何触达呢？

找准痛点，提供价值是吸引并留住女性客群的重要手段。

近年来，全国部分地区的邮储银行和招商银行，针对网点周边社区、写字楼、商圈等范围内的女性客群，联合商圈中的瑜伽馆教练，每天晚上通过微信视频号带领她们练习半小时瑜伽，在这个过程中引导她们加入微信群，并一对一添加个人微信。一来二去，感情基础打牢后，再定期组织"姐妹们"进行线下聚会。

亲子客群

银行的亲子客群触达，本质上不是为了连接孩子，而是连接孩子背后的家庭，尤其是"宝爸""宝妈"。孩子是家庭的未来，是父母的希望。银行需要通过自身社会资源整合，协助解决不同年龄段的孩子在不同时期遇到的问题，从而赢得家长的信任和尊重。

前文分享 PCPS 宣式营销策划闭环链路图应用策略时提到的"工行萌娃卡"，即将线上直播与教育场景搭建完美融合，赢得家长的青睐并获得宣传营销产品的机会。这个案例抓住了孩子的健康和教育两大痛点，是"大处着眼，小处着手"的典范。抓住客户内心深处最重要的一环，便可牵一发而动全身。

不同阶段的孩子要解决的问题是不一样的，所以才有了银行与各类文化、体育等教培机构，以及母婴文具用品商家的异业合作，比如举办以"哺乳期婴儿夜间不睡怎么办？""幼儿园新生入园指南""如何预防支原体肺炎""青少年预防网络电信诈骗""高考志愿填报专家讲座"等为主题的线上直播活动。这些活动最终的流量转化路径都是从线上引流至福利群或个人微信，通过持续举办活动最终引流至线下，完成金融产品的销售。

近年来，研学类旅游产品受到众多家长的青睐，如每年的寒暑假，由旅行社和学校共同合作，组织孩子们去山东曲阜，感受书本里学的孔孟之道；去浙江绍兴，逛一逛"鲁镇"，从百草园到三味书屋，看一看当年鲁迅先生刻在桌子上的"早"字。当然，针对相对高净值的客户还可以组织海外游学、参访，对过去很多年都在做的夏令营活动和冬令营活动进行升级迭代。

这一类研学活动和银行又有什么关系呢？我们提到了研学产品的两大组织方，分别是旅行社和学校，而这也正是银行的切入口。比如，给旅行社提供资金支持、银行客户报名享受一定折扣、提供外出游玩安全知识讲座等，银行能做的事情太多了。

年轻客群

前文提到的"Z世代"的特征让我们坚信年轻人是未来，但更是当下。甚至"00后"已经不再是我们认为的"孩子"，很多"千禧宝宝"已经走进社会，成为我们的同事。目光所及的未来几年，"00后"也会成为"上有老、下有小"的一群人，也将成为社会生产和消费的主要力量。

2021年11月7日，中国LPL赛区战队EDG电子竞技俱乐部以3∶2的比分战胜韩国LCK赛区战队DK，获得2021年《英雄联盟》全球总决赛冠军。一时之间，朋友圈的庆祝文案铺天盖地，但也有相当一部分人一脸懵地问：到底什么是EDG？

这一问，表面上看是暴露了年龄，实际上是在渐渐失去未来而不自知。很多传统思维的管理者对年轻客群的重视仍然停留在口头上，而有些银行为了努力触达年轻客群，已经在开展颇有成效的工作。

"实力够炸，行动说话。很高兴成为交通银行信用卡全球代言人，和交通银行信用卡买单吧一起用行动谱写热爱篇章。快来GET我的首款定制主题信用卡，享同款惊喜好礼！王一博代言交通银行信用卡。"这条微博文案下的配图，是一张王一博手持交通银行信用卡的形象照。交通银行信用卡邀请王一博担任全球代言人，同步上线了王一博定制版信用卡。官宣当天，交通银行交出了全国20万张申请量的成绩单，可见年轻人的威力之大。

年轻客群的主要特征见表5-10。

表5-10 年轻客群的主要特征

特征	具体说明
与生俱来的互联网使用习惯	年轻人是互联网的原住民，从他们出生开始就有互联网
愿意为服务和高品质生活买单	在这个物质极大丰富的时代，年轻人更愿意为定制化服务和高品质的生活付出成本
容易被种草，也会精打细算	作为社交电商和团购平台的主力军，年轻人容易被"种草"，同时也喜欢在各个平台之间比较价格
注重圈层文化，寻求认同感	有着共同爱好的年轻人往往就是一个圈层，也就是我们常说的"亚文化现象"

过去的银行业对于年轻客群的考量很复杂，不是不知道这个客群的重要性，而是受限于各类风控体系、审批流程，使得在产品和该客群之间形成了一道屏障。年轻客群被无情后移，缺乏对他们的有效覆盖，这就让银行丢失了客户升级的重要源头。

为什么要把时间、精力和风险花费在年轻客群身上？等他们成长起来再针对性进行营销不可以吗？当然不行。年轻人上学读书、文化娱乐、兴趣爱好、恋爱结婚、家庭生活、工作创业，每一项活动都离不开金融产品和服务。

总而言之，针对年轻客群的营销不能想当然，我们需要懂他们、理解他们、成为他们。我曾经亲自带队做过一场支行本地年轻客群的汉服社团活动，通过圈层文化建立与年轻人的联系，制造流量，效果非常显著。除了系统性搭建生态场景和针对性开发产品外，我们更加需要通过客户活动来推动圈层的建立。我们要勇于承认现实，"有代沟"不代表我们不可以融入，要鼓励银行年轻人积极参与年轻客群的调研、产品设计和营销活动策划。

在一次某国有银行年轻客户经理客户分析与产品策划座谈会上，参会的客户经理年龄基本都在25岁左右，他们从自身视角剖析年轻客群的特征，并提出了自己的想法。

"相较于微信和支付宝，手机银行在资金安全性和灵活性上更占优势，现在很多年轻人也有存钱和投资理财的需求，所以，在手机银行上推出更多的余额理财产品和'薅羊毛'活动可以抓住年轻客户的心。"——王经理

"我建议通过落地到生活中的各种场景，培育客户对我行手机银行的使用习惯，就像我在来上班之前习惯用招行的掌上生活一样，只要是需要买电影票、买咖啡，我第一反应就是打开招行

掌上生活，它已经占领了我的心智。"——陈经理

"优化用户体验是我行线上平台留住年轻客户的重要抓手，同时更需要通过算法实现千人千面，为每个人推荐适合他的金融产品和服务。"——马经理

"大学生是年轻客户群体中最具有潜力的客群，通过深入校园，线上线下相结合打造活动，在大学生心目中种下一颗工行品牌的种子。"——李经理

"让听得见炮声的人做决策。"值得一提的是，白领客群大概率也属于年轻客群，针对白领客群的场景化活动你有什么想法吗？

商贸结算客群

从广义上说，商贸结算客群可以是大型对公客户、小微企业客户以及收单商户；从狭义上说，商贸结算客群主要以自主创业为主，经营人员结构主要是以个人或家庭形式出现，雇用人员相对较少，可以理解为小微商户或商圈商户。

据统计，全国小微商户已经超过 1 亿，贡献了全国 80% 的就业岗位，小微商户已经成为我国民生经济的重要组成部分。"做小微，就是做未来。"这一类客群的业务模式相对单一，金融诉求以收付款结算、融资、金融服务、商业资源合作为主，资金周转效率比较高，是中国经济发展的"毛细血管"。小微企业是商贸结算客群的重要代表，可以说"做商贸结算客群，就是做未来"。

面对新时代、新经济背景下的商贸结算客群，我们需要给出更多适合客户的解决方案。华夏银行通过"智慧支付＋智慧经营"，有效解决了小微商户的几大难题，比如收单渠道多、对账

难，数字化转型成本高、转型难，获客渠道单一、用钱难等。其中针对特色景区里的餐饮街区，华夏银行和街区管委会紧密合作，为旅游街区的特色餐饮提供小微商户华夏e收银服务，在提供数字化经营服务的同时，实现低成本揽储。

数字化转型＋新媒体线上引流＋线下实体获客成交几乎成为银行与商户相处模式的重要切入点。而在这个过程中，银行要做到这几点：一是敢为人先，做商贸客群金融的创新者；二是产业融合，做行业资源整合的践行者；三是金融赋能，做商户升级迭代的助力者；四是科技驱动，做数字产业升级的引领者。

【案例】

"什么年代了？还能吃到1块钱的米线。走，跟我一起去看看……""这个夏天带孩子去哪里玩？××水世界值得一看，持云南农信金碧借记卡还可享受优惠……"针对沿街商圈的商户客群，云南某地农商行新媒体团队长期坚持为商户拍摄"烟火里的农信，集市里的民生"系列短视频，同时定期开展商圈直播活动，助力商户获客。

分析：数字化转型＋新媒体线上引流＋线下实体获客成交几乎成为银行与商户相处模式的重要切入点。很多商户出于自身能力不足、技能不够等原因，无法做到线上引流，此时，银行就需要发挥自身优势，帮助商户进行资源整合、迭代升级。

外出就业创业客群

中国有句老话叫"有钱没钱，回家过年"，外出就业创业人群大多数都是要回家过年的。过去银行常用的获客方法大多已经不再适用。比如，之前银行会为外出务工人员统一查询火车票信息，但如今大家都会在手机上查询和购买了；之前银行会准备好大巴车，在本地车站门口接农民工兄弟回家，但现在生活水平不一样了，家家都有车来接；之前银行会试图把返乡人员接到网点，甚至提前把他们的家人接过来等候，因为我们在厅堂里布置场景并且请了专业的摄影师，可免费拍一张全家福，可是人家只想早点回家。

在研究外出就业创业客群之前，我们首先得弄懂为什么要做"开门红"？至少有一个理由我们无法回避——开门红是和春运同频的资金二次分配。因此，这也是很多城农商行要在开门红期间专门针对该类客群做精准营销的原因。

针对外出就业创业客群，我们既要关注他们的金融需求，又要做好人文关怀。目前常用的方法主要是打好3张牌——线索牌、感情牌和实力牌。

摸排建档就是指线索牌。这几年很多农商行都在做"整村授信"，入户摸排建档，左手授信、右手揽储，这些事情对于扎根三农的农商银行而言太重要了。每一次摸排就是一次构建客户画像的机会。一般一个村里都有1~2名"带头大哥"，而"带头大哥"将是我们开展情感连接、展示实力和实现转化的重要人物。因此，线索牌也成为触达外出就业创业客群的"头牌"。

感情牌不仅要打，还要打得充满人情味。外出就业创业人员都是为了家庭生活更美好而选择远走他乡，远方的家是他们的牵挂，尤其是留守下来的亲人是他们背井离乡打拼奋斗的动力。而银行大部分活动也要围绕着他们牵挂的"38""61""99"（即妇女、儿童和老人）客群来开展，立足本地，做好线下，传播线上。

所谓实力牌，就是指我们在与外出就业创业人员取得连接后，要想方设法地完成产品转化，而转化的前提是让他们看到我们的好。如"资金放在我行，客户可以获得什么？""市场不景气，过年需要用钱，我行如何解决客户'体面过年'的问题？""来年的创业投资需要用钱，我行有没有相关的产品解决这类问题？"等。

例如，江苏某地邮政银行针对外出就业创业人员举办的"爱心邮路"活动，通过3份关爱触达客群。

- 一是通过邮件投递员对外出就业创业客群家庭的留守老人、儿童提供每月一次的关爱。其中包括陪老人或孩子聊聊天，了解他们的身体状况或学习情况，尤其是心理健康情况，同时会与外出就业创业人员微信交流，告知家里的情况。
- 二是确保外出就业创业人员每年都能在外地吃上一顿家乡饭。通常是由银行主要领导带队，带上家乡的美食、特色菜品、锅灶到他们的工作场地，做顿家乡饭，聊一聊近况。
- 三是每年送一份短期意外险。大多数外出就业创业人员都是家庭的"顶梁柱"，给他们送去一份基本保障，其实也是锁定他们的重要抓手。

种植养殖客群

从"十三五"规划收官之年举全国之力实现全面脱贫攻坚，到"十四五"规划开局之年防止规模性返贫；从乡村振兴到共同富裕，"三农"是国家的根，更是包括中国农业银行、农村商业银行、中国邮政储蓄银行和部分城市商业银行在内的金融机构需要深耕和服务的主要对象。

种植养殖客群的主要特征如下。

1. 农业行情信息不对称，增收难

种植养殖户是农牧业生产链环节中的一个组成部分，即便是在互联网技术高度发达的今天，依然会出现信息不及时、信息不完全和信息不准确的现象。信息不对称的后果非常严重，也给政府、银行提出了新的挑战。信息不对称使得种植养殖户无法科学合理地预测未来市场供求关系，他们往往通过一定时期的生产经验、偏好和当季价格对未来进行预判。这种盲目跟风式的投入生产，从本质上打破了农牧产品的市场秩序，对于提高农户收入水平和生活质量都是不利的。

比如在我的家乡苏北农村，有很多地方广泛种植大蒜，其中盐城市大丰区裕华镇是当地小有名气的大蒜种植之乡。2018年，大蒜市场处于火爆状态，最高峰时，大蒜收购价达到5元/千克，于是第二年，当地农民争相种植，超过市场供给的过剩需求导致农业地租、大蒜相关种苗及相关配套产品不同程度涨价，最终导致大蒜种植成本远高于上年同期价格。但是，因为2019年大蒜在市场上的供应量远远高于需求量，导致其价格出现了明显下跌。

信息不对称还会导致种植养殖户生产积极性降低，从而影响生活质量的提高。近几年在快手、抖音这样的短视频社交平台上，经常会刷到种植养殖户因为使用了不良商家的假种子、假化肥、假兽药，导致种植物和畜牧牲畜产生不良反应的短视频。

2. 文化水平偏低，学习能力不够

种植养殖客群受教育程度普遍偏低，获取知识和信息的意识

比较匮乏，渠道相对闭塞，且学习主观意愿不够强烈。现代农业生产技术的信息不对称使得种植养殖户无法及时了解和掌握现代农业科技的最新成果。当下也有不少种植养殖户有意识地在网络上搜索相关知识和信息，但是当他们面对海量农业科技信息时，很难找到符合自己需求的信息。

针对种植养殖客群没有获取所需信息渠道和缺乏科学生产技术的痛点，银行需要利用自身的资源优势，与当地农业技术相关部门、农技站、种子化肥公司、种植养殖协会、农业技术研究所等机构合作，为广大本地种植养殖户提供相关农业技术，提高种植养殖效益，增加他们的收入。

3. 种植养殖规模农场化已成趋势

面对农业规模化发展趋势，小农户需要走小而精的发展道路。但限于自身能力，小农户仅依靠自身很难发展地方特色优势产业，很难发展农家乐、民俗旅游、手工艺制品等副业。此时，银行有大展身手之处，例如，针对养殖户、家庭农场、专业合作社等不同客群对象提供定向贷款服务，对满足准入条件的客户做到百分百宣传到位、百分百发放到位；与村委会、合作社开展党建共建共联活动，推动形成一村一品、一乡一特、一县一业的格局。

万变不离其宗，涉农类的业务对于银行一线人员的素养要求集中体现为12字箴言——知农时、懂农事、察农情、解农忧。

第6章 CHAPTER

场景搭建方法

场景是沉淀客户关系的场所,抓住了场景,就是抓住了与客户建立关系的点。无论是在农村还是在城市,银行想要获得优质客户,就需要搭建场景。前文已经介绍了场景化获客对于银行的重要性,本章重点介绍场景搭建方法。

第1节 金融生态场景搭建的"四梁五柱"

金融生态场景是金融产品转化的根基。场景的搭建就如同建房子,需要在夯实基础的同时,有承重柱支撑,有大梁承上启下。我们在前文介绍PCPS宣式营销策划闭环链路图应用策略时提到,以产品为出发点找到对应的客群,分析客群的痛点后匹配不同场景化活动，而这也就构成了金融生态场景搭建的大梁。

本节将分享金融生态场景搭建的方法论——"选找配进沉评固"场景搭建7步法与PCPS宣式营销策划闭环链路图应用策略结合使用的方法。

夯实"银政企农"圈层共建

金融就像互联网，既具有工具属性，又具有服务属性。游离在实业实体之上的金融虚浮无根，而像毛细血管一样渗透进实体实业的金融才会跨越周期，焕发生机。

由此可知，搭建场景简单理解就是金融回归的重要选择。"银政企农"圈层共建是在深化党建联建、强化交流合作、构建合作共赢的新格局之下诞生的，它通过政府、银行、企业的深度合作，激发经济发展新的活力。"银政企农"圈层共建的核心如图6-1所示。

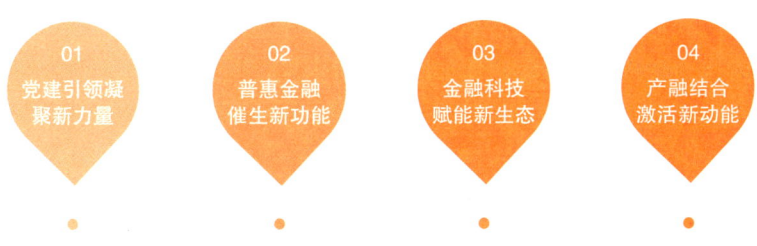

图6-1 "银政企农"圈层共建的核心

1. 党建引领凝聚新力量

党建引领是金融工作开展的基石，是推动金融事业高质量发展的动力源泉。而在实践中，坚持党建引领也是把握机遇、顺势而为的理性选择，是团结力量、圈层共建的一面旗帜。

2. 普惠金融催生新功能

金融机构近些年持续进行摸索与转型，最显著的变化就是从防控风险转为经营风险。

在防控风险的时代，金融机构服务的是塔尖上的那 10% 的优质客户（见图 6-2），而剩下的绝大多数的客户都是沉默型的、长尾型的，他们与银行的合作可能仅限于开个户、存个钱、转个账。

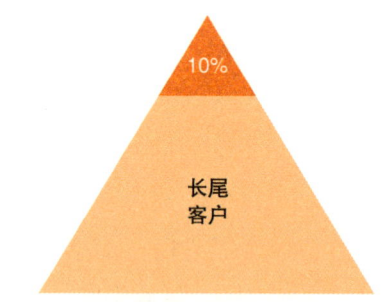

图 6-2　防控风险时代金融机构服务客户比

我们当下所处的经营风险时代又名普惠金融时代。普惠金融时代金融机构服务客户比如图 6-3 所示。

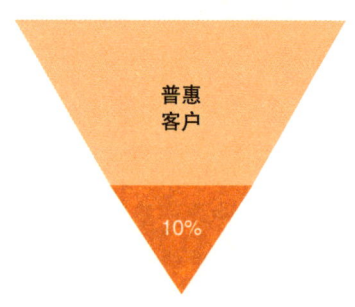

图 6-3　普惠金融时代金融机构服务客户比

在这个倒金字塔的模型下，最下面的 10% 不再是优中选优的顶尖客户,而是无劳动能力,也无劳动意愿的客户。那么这类客户是多还是少呢?相对总基数来说是少的。那么对待这类客户是一票否决还是既往不咎呢?不妨看看下面的案例。

【案例】

我曾去江西某个县为整村授信项目做辅导。当时,整个工作有条不紊地进行,在最后一步张榜公布预授信名单时,村里面回来了一批年轻人。他们不是从大城市打工返乡的,也不是学校毕业返乡的,而是几年前因为电信诈骗被判刑,现在刑满释放返乡的。

"我们要不要给这批人一个机会呢?"这个问题,让我们纠结了好久。有人主张一票否决,没得商量;但也有人说,我们先不要急着下结论,先去走访走访,了解一下情况再说。

在了解情况的过程中,有一位老人就抓着我们的手痛哭,陈述着她的儿子一失足成千古恨,希望我们能给她的儿子一个新生的机会。如果银行能给她的儿子贷款,不管多少,都代表着银行原谅他了,那么其他组织和个人也会更容易接纳他。但是这位老母亲也意识到这个提议有些激进,于是提出来可以把他们老两口原本放在其他银行的养老钱存在我们银行,一旦她的儿子还不上,可以用这个钱偿还。如果是你,这个提议可以接受吗?

后来,我们走访了更多类似的家庭,在了解了当事人的想法和计划,并征求了其兄弟姐妹、左邻右舍的意见,综合评估风险和实施方案后,还真的为其中几个人发放了贷款。其实这些贷款不仅仅是贷款,更是一份信任和祝福。当然,既然是刑满释放人员,必然在信贷政策上要充分做到差异化处理，比如贷款的额度、还款的方式、担保的方式、贷款的利息、贷后走访的频率等都会有针对性措施。这样做不仅充分考虑了风险，也为银行争取到了更多的经营机会与收益。面对特殊人群我们可以耐心去分辨，而不是"一竿子打翻一船人"。

上述案例说明普惠金融的下沉空间依然广阔，但这也意味着考验我们经营风险能力的时刻才刚刚到来。

3. 金融科技赋能新生态

科技对于金融创新的价值不言而喻。具体而言，金融科技在服务效率方面，提供了操作便捷、程序简便、逻辑清晰的数字化服务；在风险管理方面，通过数字化不断提升风险管理质效；在赋能新生态方面，为金融行业拓展出新的经营思路。

四川某股份制银行定位返乡客群，在营销云进行春节旺季返乡客户精准营销，助力春节前连续 3 天单日存款净增同比增幅达两位数，单日净增超过数十亿元，一季度吸储数百亿元。

四川某股份制银行营销流程分为图 6-4 所示的 4 个阶段。

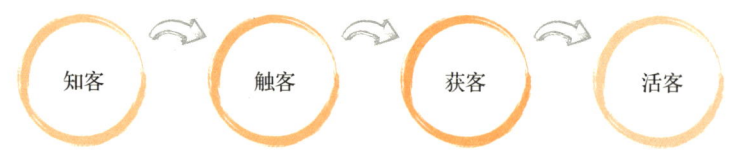

知客	触客	获客	活客
运营商通过数据漫游模型实时分析务工人员返乡情况，覆盖各大交通枢纽、各街乡镇	基于基站网络位置模型实现实时、精准的短信触达	通过客户金融画像模型解析客户与各银行的黏性，用运营商大数据源和模型算法帮助银行更好地完成KYC，为客户匹配符合的金融产品，获得客户	通过话务模型找出家庭关联关系，以家庭为单位进行营销，从个人价值挖掘转向家庭价值挖掘

图 6-4　四川某股份制银行营销流程

当前，很多银行正在积极推进与支付公司的合作，尝试将双方的进件流程与开户流程融合，支付客户可通过银行开户流程提交一份资料，同时完成两项服务的落地。信息传输和数据分享会在银行和支付公司双方的交流中实现。未来银行也可以通过观察交易数据，为支付客户提供主动授信和结算升级服务。当然，这也会对数据安全和个人信息保护提出更高的要求。

4. 产融结合激活新动能

"产融结合"虽然仅有4个字，却是从内到外的一次转变、整合与练兵。而准备充分的金融机构往往能在收获优良业绩的同时，发现经营团队也实现了空前的团结与战斗凝聚力。这可能就应了那句话：什么是银行转型？无非是转两个"人"的型，一个内部团队，一个外部客户。

> **【案例】**
>
> 2023年，中化现代农业（山东）有限公司寿光技术服务中心与寿光农商银行达成战略合作。寿光农商银行将对接中化集团现代农业技术服务平台（MAP），精准对接种粮大户等客群融资需求，推出"农耕贷""粮食增产贷""潍担助企贷""创业担保贷"等专属贷款产品，单列10亿元贷款额度，全面满足供应链上下游客户需求，为新型农业经营主体扩大生产规模、提高收入提供金融支持。与此同时，双方积极创造银企合作模式，充分利用专业化金融服务优势，将产融结合作为发展智慧农业、特色农业，实现产业转型升级的重要支撑，大力提升发展质量效益。下一步，双方将共同探索打造"产业+农户+金融"的协同经营模式和综合金融服务模式。

场景搭建 7 步法

场景搭建 7 步法脱胎于"小微金融台州模式"关于社区化经营的母体,经过多年实践检验和优化更新,这套模式在新的应用层面发挥了重要作用。场景搭建 7 步法如图 6-5 所示。

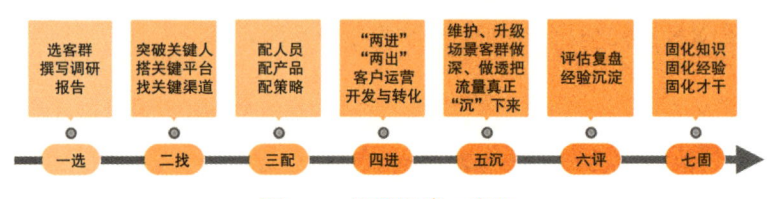

图 6-5　场景搭建 7 步法

1. 选:选客群,撰写调研报告

客群,即在一定区域范围内共同经营或生活的,具有一定共性的客户集群。具体指以网点为中心,基于 30 分钟车程甚至脚程划分出的网格化社区,结合"三匹配"(即支行、社区与营销人员的匹配)的要求,以人均产效为核心,展业经营统一规划,批量开发客户,提高产品的覆盖率和客户的覆盖面。

城区的客群可分为居民小区、沿街店铺、写字楼、商圈等客群;农区的客群可分为行政村、特色种/养殖业、村办工厂、回乡创业等客群;专业市场的客群可分为零售批发市场、工业园区等客群;虚拟客群可分为产业链、供应链、行业协会等客群。

选定客群后需要进行客群调研。全面的调研是成功开拓社区的基础,通过信息收集可更好地掌握与目标客群相关的整体业务机遇与风险。一般需要调研的信息包括 5 种。

(1)该社区内目标客户的数量。

（2）该社区内目标客户的特征（行业、规模、工作年限、机遇与威胁等）。

（3）该社区内目标客户的融资需求与贷款偏好。

（4）该社区内的金融环境，如同业状况、资产质量、客户满意度等。

（5）经济指标，要进行有效客户分析，其中，潜在小微企业客户数量=（社区内小微企业客户总数）×（通过银行融资的小微企业客户比例+未通过银行融资但有融资兴趣的小微企业客户比例），潜在贷款规模=潜在客户数量×平均单笔贷款额。

客群调研后需要了解本行优劣势并寻找市场"破冰"思路。如盘点本行所有可利用资源，综合评估进入的难度，预估营销周期和可期待收益，设计具体营销策划方案。考虑因素包括但不限于主推产品、利率定价、担保模式、审批效率、短期客户激励机制、相关资源（团队、公共关系与人脉、存量客户等）。最后进行客群地图的绘制，具体操作见表6-1。

表6-1 客群地图绘制的步骤

事项	内容描述
画图	通过百度、谷歌等地图工具绘制网点所在区域周边1~3公里的地图
搜索	利用地图"发现周边""搜索附近"等功能，根据行业搜索潜在客户
制表	借助大众点评、美团等App，将搜索信息按类别编制成表
查询	使用企查查、天眼查等外部工具，批量查询企业详细信息并填入表格
匹配	到周边写字楼大堂记录企业名称、匹配表格信息
分析	整理表格，基于行内系统及名录核对企业是否为存量客户、是否从事优势行业，根据整体情况综合分析
锁定	筛选企业名单，锁定目标客户，通过打电话及上门拜访，了解客户需求，建立合作关系

2. 找：突破关键人、搭关键平台、找关键渠道

关键人分为客户渠道开发类、客户信息收集类和客户服务跟进类。关键人需要具备的特征包括了解社区信息，具有社区影响力，有威望和信服力，积极热情，可以引领开展前期宣发营销、后期集中营销和贷后信息服务，对我行认可度高。

关键平台与关键渠道需要具备有场景、有数据、有集群三大特点，如政府平台、农村合作社、市场方、物业公司、各类技能培训班、产业链、线下社群、线上第三方渠道、商会、协会、工商联、经发委、现代服务业、孵化器、工商税务、招聘启事、代理记账公司、物流货代公司等。

关键平台、关键渠道营销合作流程为：合作洽谈→主推产品匹配→合作方人员培训（话术、物料、陪访）→推介渠道和活动策划→早期种子客户宣传→多场景切入平台活动（如私人董事会、运动徒步）→加深行业理解（需求明确议价低、转介容易批量做）→定期评估、收集合作建议。其中，合作洽谈的步骤见表 6-2。

表 6-2 合作洽谈的步骤

步骤	具体事项
提前分析平台	1. 深入充分地分析平台 2. 侧面打听获取有效信息 3. 形成书面调查报告（客户容量/潜在市场/效益及风险）
找到关键人	1. 找到最佳关键人，多元且有备选 2. 了解关键人的做事风格和在平台中的作用
确定初步合作意向	1. 完整清晰地表达我行的立场和优势 2. 准确表达合作带给双方的利益 3. 达成清晰明确的合作方式

(续)

步骤	具体事项
洽谈拜访	1. 提前定好时间并做好物资准备 2. 介绍我行、回答对方疑问、做好记录、确认合作进度
追踪	1. 及时跟进，保证合作顺利推进 2. 妥善处理突发事件

3. 配：配人员、配产品、配策略

客户匹配是银行业务的关键环节之一。银行要遵守《商业银行理财业务监督管理办法》《理财公司理财产品销售管理暂行办法》《中国人民银行金融消费者权益保护实施办法》《银行保险机构消费者权益保护管理办法》等的要求。其中，《理财公司理财产品销售管理暂行办法》提出，银行应当对产品的风险进行评估并实施分级动态管理，开展消费者风险认知、风险偏好和风险承受能力测评，将合适的产品提供给合适的消费者。例如，高龄老年人来我行办理中高风险的代销私募产品，就需要加强风险评估与管控。

前文已经绘制了客群地图，接下来应根据高精准度、高实时性、高客户体验等原则，将产品与人员、策略相匹配，以精准触达目标客群。

4. 进："两进""两出"、客户运营、开发与转化

开发需要进行周密、详细的营销策划，经营思路是"走出去"+"请进来"，而走出去是为了更好地请进来。通过实施一系列有温度、有效率、有参与、有体验的社区活动，将客户带入我们的网点和营业场所，增强客户信任，占领客户心智，促进业务成交。

开发场景客群的主要思路是"两进""两出"，即客户请进来，流量请进来；营销人员走出去，宣传物料走出去。

【思考】

某股份制银行武汉分行其中一家社区支行所处环境如下。

（1）支行开在一个相对高档的拆迁小区的内部，不临街，外部客户进入需要门禁。

（2）支行开在小区内部的小广场上，面积80多平方米，内部空间局促。

（3）小区内部有一所幼儿园，其园长对合作的态度消极，目前幼儿园暂停对外开放，但听说近期园长在"双减"背景下出了一本关于家庭教育的新书。

（4）小区内还有餐饮店、水果店、瑜伽馆、儿童培训中心。

思考：如何为该银行设计一次场景营销，以帮助行长有效触达小区亲子客群？

解题思路：

在此条件下，我们要解决第一个问题——切入口在哪里？我们经过思考与讨论，将切入口选定为幼儿园园长。园长是关键人，虽然之前态度消极，但近期出了新书，那么现在就出现了转机，因为他有了真实的需求——新书推广。所以我们要有毅力进行长线作战，有意瞄准，无意击发。我们的思路是帮园长做一场新书签售分享会，参与的对象是小区里众多有孩子的父母、想结识幼儿园园长这个有优秀社会人脉的人，以及园长自带的流量。

与园长沟通后，我们一拍即合。那么就要考虑第二个问题——在哪里举办？餐饮商家还是水果店？好像都有点不方便。儿童培训中心呢？"双减"政策之下，会不会有一些营销风险？最终选定了瑜伽馆。因为这个瑜伽馆不仅环境好，而且本身自带流量，其很多会员就是小区里的年轻父母，活动在熟悉的场地举行，无论是走过路过，还是专程而来，他们心理上的负担都会小很多。与瑜伽馆负责人沟通时，他心态开放，欢迎导流，项目顺利推进。

最后在大家的精心策划和组织实施下，社区银行的亲子场景营销圆满完成：办理儿童储蓄产品30多个，保险若干，更重要的是银行自此与社区形成生态，这在未来小区金融服务中会发挥基础设施的关键作用。

5.沉：维护、升级场景客群，做深、做透，把流量真正"沉"下来

第五步要做的是维护、升级场景客群，做深、做透，把流量真正"沉"下来。具体的做法如下。

（1）场景活动常态化：活动要高频度、小规模，不要用孤注一掷、一招鲜的方式；不断固化品牌活动（如小小银行家、儿童财商教育、午后好时光等），不断深入所在客群，结合场景生态和客户需求搭建活动平台，收集内容选题和特惠商户信息。

（2）客户维护常态化：给客户"里子"、送客户"面子"。赠送日常伴手礼，建立客户积分制度（金融产品推介、客户转介、品牌推广、献言献策、关键人激励等积分制度），让客户得到实惠。授予客户合作证书，邀请客户做品牌代言人和社会监督员等，让客户得到尊严。

（3）交叉销售"五个一"：针对一家子、一辈子、一圈子、一杆子、一揽子进行营销。这要求银行要收集并分析客户群体特

征、家庭成员、成长周期、行业特性等数据，并基于分析结果建立具有高针对性、精准性的客户营销方案，固化营销流程和步骤。

（4）**非金融增值服务**：成为客户事业上的助手和生活上的帮手。一方面从金融产品和服务方面加强客户黏性，同时承担更多运营客户的责任，比如帮客户连接市场资源、销售渠道、财务税务，成为信息枢纽角色。另一方面从生活需求、休闲偏好、自我成长、家庭关照等方面给予客户更多有温度的体验。让客户不好意思走、不方便走、不愿意走。

6. 评：评估复盘，经验沉淀

从业绩评估、过程管理和日常交流机制3个维度对经营结果进行评估，同时在总行层面定期（每季）组织业务交流会和典型经验讨论会；在支行层面定期（一年两次）组织业务面对面恳谈会，并建立点对点跟班帮带的学习机制。在全行形成信息互通、经验失误总结分享的氛围，提升对业务处理的积极性和能动性。

7. 固：固化知识、固化经验、固化才干

每一次营销活动结束后，都要进行总结反思，固化工作流程，固化特定客群服务体系，固化为客户解决急、难、愁、盼事情的方式、方法和路径。

通常基于全行战略，以标杆网点为切入点，通过试点支行的操作经验来沉淀方法论，从而反向赋能全行的金融生态场景建设。以2024年下半年，我在邮储银行某地分行开展的信用卡商圈线上线下一体化活动——"小绿卡（邮储银行信用卡）和他的朋友们"为例。

从有信用卡业务以来，几乎所有银行的拓客模式都不外乎

厅堂营销、产品交叉营销、地推，以及后来的线上平台获客，其中最有力的撒手锏就是给补贴。随着竞争的白热化和降本增效的现实情况，越来越多的银行意识到，我们需要真正地给合作商户和C端客户提供最真实有效的帮助，解决他们的实际问题。如何串联所有人的需要呢？答案是搭建生态场景。

我们以地级市分行为标杆分行，以典型商圈支行为标杆支行，开展以"小绿卡和他的朋友们"为主题的活动。形式主要采用的是探店打卡短视频＋直播的形式，利用邮储银行的信用背书和存量客户规模，来帮助更多的合作商户做生意，取得了不错的成绩。

知识、经验、才干的积累，既要"站得高看得远"，又要切合实际，开拓创新。通过试点，我们沉淀出一套新思路、新思考，一套以信用卡为轴心的公私联动实战打法，一套持续推进生态场景建设和线上线下一体化打法的政策，以及一整套基于省级层面的标杆固化建议。

从图6-6中我们可以看出，信用卡业务在多元化业务结构中的连接作用。信用卡业务是连接神器，串联起B端合作企业和C端零售客户，使揽储、信贷、中收、资产业务、负债业务环环相扣。通过一系列的活动，让B端合作企业和C端零售客户持续互动，双向引流。至此，我们可以清晰地看到生态场景建设的成效。

以信用卡为轴心的公私联动实战打法如图6-7所示。对于B端合作企业，确定"三步走"。一是以"小绿卡和他的朋友们"为品牌主题，持续赋能中小型商圈、商户，开办专场，增加互动。二是做深、做透品牌或连锁商户的上下游。以省级非物质文化遗产和百年品牌臧营桥烧鸡为例，下一步可以对生产工厂进行实景探店直播、对上游（养鸡场等）供应链进行溯源，对加盟店复制探店打卡模式。这就要求银行熟悉加盟政策,了解资金对接需求,可执行跨部门协作和公私联动,制订一揽子金融服务计划。三是结合存量数据和网点周边"生活圈+生意圈"实际情况,按照"1+N+X"战略模型,复制更多场景分类。

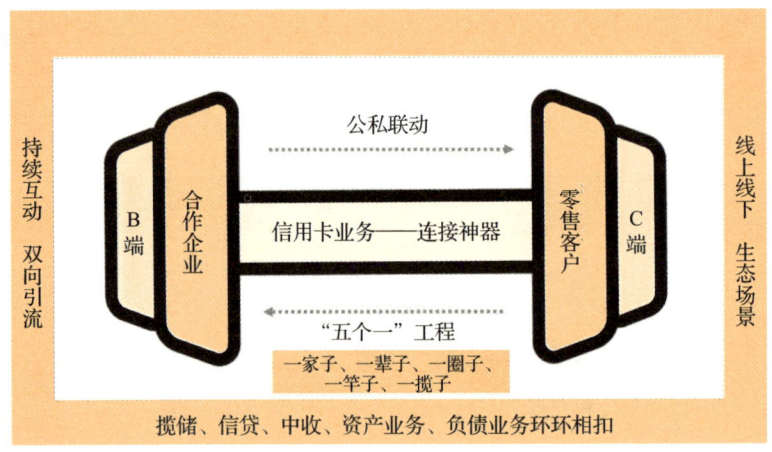

图6-6 信用卡在多元化业务结构中的连接作用

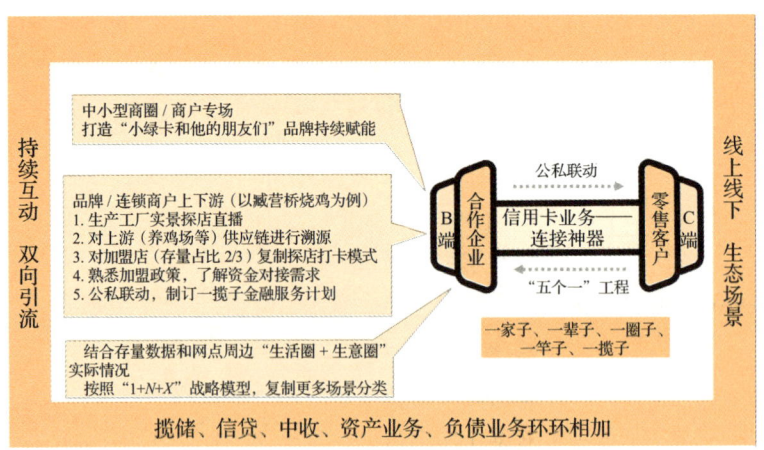

图6-7 以信用卡为轴心的公私联动实战打法

对于C端零售客户，要进行反向引流，将客户自身活动与日常网点沙龙相结合，如图6-8所示。比如对于参加首场"小绿卡和他的朋友们"直播的蛋糕店，由它们提供技术支撑和物料支持，将客户的中秋体验日和网点厅堂沙龙相结合，开展以烘焙为抓手的客户活动。这既实现了跟客户"玩在一起"，又实现了"我的客户也可以是你的客户"。

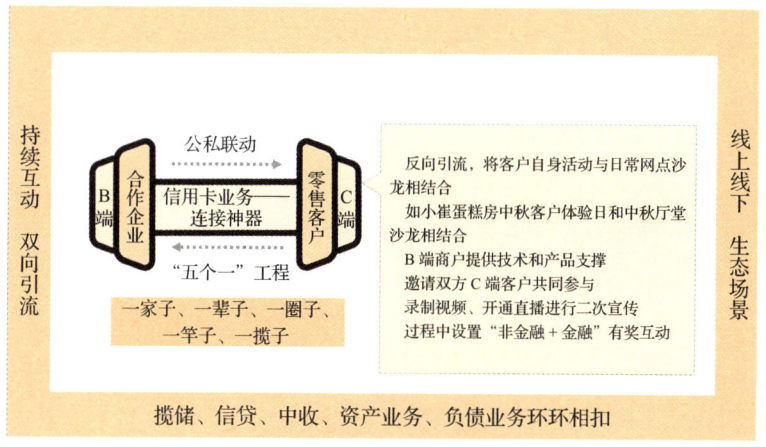

图6-8　C端零售客户运营方法

同时，以终为始，制定全年/季度线上线下一体化活动政策，持续推进生态场景建设和线上线下一体化打法。

基于省级层面的标杆固化建议（见图6-9）：第一步是建立市级敏捷型组织，在市分行层面成立生态金融团队，向下赋能。第二步是建立省级客户资源库，由各地市/县上报商户信息，分层入库，明确商户入库和退出机制。第三步是给予生态金融团队物力资源匹配和内部政策倾斜。

"1＋N＋X"战略模型（见图6-10）诞生于实践，是基于行业积累，针对金融生态场景搭建的行之有效的指导方案。"1"

是指银行生态平台；N是指N个主打场景，如文旅、汽车、养老等；X是指不同场景中的合作伙伴，如汽车场景中的车管所、交管所、保险公司等。只有打通银行、场景、合作商之间的桥梁，引入"活水"，才能获客、活客。

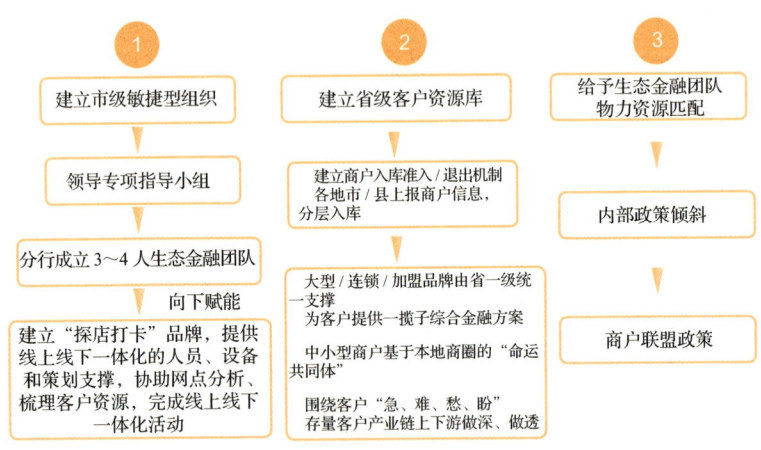

图 6-9 基于省级层面的标杆固化建议

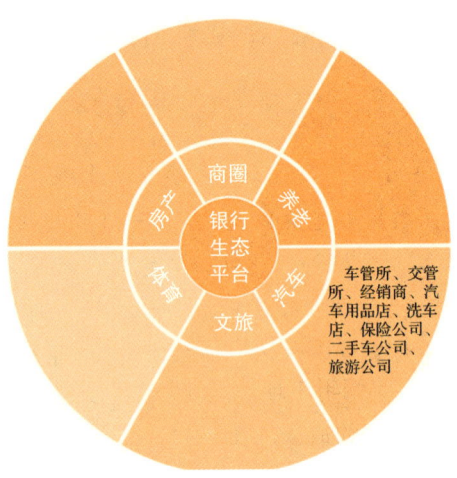

图 6-10 "1＋N＋X"战略模型

第 2 节 农区金融生态场景搭建

党的十九大报告指出，实施乡村振兴战略，要坚持农业农村优先发展，按照产业兴旺、生态宜居、乡风文明、治理有效、生活富裕的总要求，建立健全城乡融合发展体制机制和政策体系，加快推进农业农村现代化。实施乡村振兴战略是新时代做好"三农"工作的总抓手，而金融是全面推进乡村振兴的重要保障。在竞争激烈的金融行业，对于农商银行而言，如何通过场景建设，高效链接金融服务和生产生活、产业生态，以提供精准化服务实现批量化获客、活客是当务之急。

产业兴旺：深入供应链，梳理存量资源

作为农商银行和部分深入下沉市场不断探索业务发展的国有银行、股份制银行而言，如何在农业生产中搭建场景，助推乡村振兴呢？

首先，我们来找一找客群。农业产业链向产前延伸，包括农资的生产与经营环节；向产后延伸则涵盖储藏、加工、运输、销售等环节。其中的任何一个环节都有可能为我们带来客户。

其次，我们来理一理存量客户。在与银行同仁交流时，我常常建议大家充分对存量客户和所在行业进行盘点。支行数据不够就用分行的，每个月存在贷款集中情况的企业所在行业都值得我们反复走访调研，确定贷款集中是客户个性还是行业共性。如果是后者，那我们就要编辑本地的行业淡旺趋势变化图，然后据此指导次年的营销，有的放矢。图 6-11 所示为某一地区季节性融资行业。

	1月	2月	3月	4月	5月	6月	7月	8月	9月	10月	11月	12月
	烟花爆竹	节庆样品			樱桃	杨梅		野生菌	花椒	糖果	批发	
		苗木种植		春茶					酒水	饮料		
					春装						冬装	
				农资							建材	
	粮油调味品							本地苹果	桃子	板栗		机电 劳务
			草莓				梨子		大闸蟹	养牛草料		
									烤烟			
				橡胶	玫瑰花				三七 月饼糕点	云腿 面粉		
				蜂蜜								
	运输 货运					鲜花	餐饮				运输 货运	橘子
					西瓜	旅游	蔬菜	冷库	冷链		冬桃 苹果	
								核桃	松果			
	甘蔗产业											甘蔗产业

图 6-11 某一地区季节性融资行业

此外，在乡村振兴的大背景下，互联网基础设施在农村得到应用与普及，农业电商的数量不断增加，在促进农产品的销售、增加农民收入的同时，也促进了农村经济的增长。越来越多的农民加入电商行列，他们在抖音、快手、视频号等平台拥有了自己的一席之地，短视频和直播的方式成为他们宣传、引流、拓客的重要手段。

【案例】

节点：冬季草莓上市时节

地点：西南地区某农村信用社（以下简称农信社）

任务：涉农类贷款产品宣传及营销推广

主题："喜上'莓'梢，乡村振兴"草莓节助农专场直播

在草莓上市的季节，农信社直播团队带着设备来到了存量客户张大姐的种植基地。

"我今天很激动，也很感恩。我没有想到信用社会给我们直播卖草莓。记得几年前，因为没有合适的抵押物，没有银行愿意给我们搞种植行业的贷款。"张大姐坐在主播台副播位置上略显紧张，操着一口方言继续说道："我记得当时信用社王主任在我这里坐了一下午，问了我好多问题，后面给我发放了贷款。大家可以看到我身后右侧的这一片大棚，就是我当时拿到信用社贷款以后扩建的。今年我们引进的这款草莓品种，它的含糖量和维生素含量分别是市面上普通草莓的 1.6 倍和 1.8 倍，所以零售价格比较高，在大型超市和高端水果店都可以买到，通常价格为 49.9 元每斤。但是今天我们独宠信用社直播间的粉丝，只要 19.9 元每斤……"即便说话紧张，略显羞涩，但句句情真意切。

担任本场直播活动主播角色的是该行新媒体团队成员林

子皓，他的本职岗位是客户经理，他接过张大姐的话说道："没错，今天凡是在直播期间扫码加入农信社粉丝福利群下单的各位农信社的家人，只要19.9元就可以享受到市场价49.9元每斤的草莓，每人限购5斤。我们可以看到，在我们身后的大棚，工人正在采摘，我们保证从田间地头到您的餐桌，没有任何中间商赚差价……刚刚大姐提到了我们当年给到的贷款产品，其实这几年，我行对于相关涉农类贷款做了很多创新迭代，比如'草莓贷''金桔贷''牛羊贷'等，它们的利率都非常低，线上审核，放款速度快，还款方式也相当灵活。如果最近有贷款需求的粉丝，无论你是做生意的、搞种养殖的，还是近期需要其他资金周转的，都可以扫码加入粉丝团或私信主播，下播后我们会第一时间和您取得联系。"

分析：公益的心态＋商业的手法，是近年来很多银行落地场景化营销的方法。用公益助农的形式，真真正正地帮助当地种植户，用金融"活水"浇灌三农产业。

思考：如果你收到某一养殖户的贷款咨询，会如何为其提供咨询服务？

生态宜居：从资源开发到资金导入

"生态"反映自然生态和人文生态共生共荣的关系，"宜居"则是人类生存的本性诉求与愉悦居住的有机统一。"宜居"以"生态"为基础。在此基础上，还需要具备能够为农村居住人群的正常生活提供便利和保障的各项基础设施。

【案例】

顺德农商银行搭建"村民生活圈"消费场景，聚焦本地鳗鱼、花卉、养殖业、农贸批发、餐饮文旅等产业。对内链接"顺商惠""寻味食都"等线上电商平台，以劳动节、七夕节及中秋节、国庆节等节日为活动契机，联动村居周边商超、农贸市场共同开展夏日抢电子消费券活动，并通过线上宣传矩阵，包括行内公众号、企业微信、行外朋友圈信息流广告等扩展受众面，让更多的村民能够享受生活消费实惠。对外引入协会、本地特色商户及企业，实现美食场景、展销场景及绿色金融场景的互联互通，创新线上引流、线下精准经营新模式。例如，联合本地餐饮协会结合顺德"鱼"美食文化，打造"年年有鱼"春日寻味之旅活动，通过线上引入多家优质本地美食商户和派发立减券的方式，提升线下商户到店率，助力商家良性经营。同时以"村晓福利官""理财内容专区"板块为抓手，打造村居福利及大零售业务信息传播阵地，强化村民知识普及度，同时提高顺德农商银行惠农服务线上渗透率及覆盖率，以"村民生活圈"场景提升村民便捷服务体验。

思考： 参考顺德农商银行的营销策略，尝试为自己所在银行的合作商户拟订一份营销方案。

乡风文明：党建＋金融服务，生活方式引领

乡村要振兴，产业要发展，离不开金融"活水"的浇灌。金融机构是经济发展的重要推动力，而党建工作对于确保金融机构稳定、健康发展起着重要的作用。我们要做好政银合作的"联络员"、惠农政策的"宣传员"、村情民意的"信息员"、企业群众的"服务员"。

【案例】

临汾市永和县积极探索"党建＋金融服务"发展模式，围绕"党建联抓、发展联促、服务联动"的"三联"工作思

路，推动"金融村官"在乡村落地，走出一条"党建引领、组织搭台、银行唱戏、群众受益"的党建引领金融服务助力乡村振兴新路径。"金融村官"下沉乡村后，主要围绕建强基层组织、建立沟通渠道、普及金融知识、为民办事服务、健全信用体系、多元金融服务、助力群众增收七项任务，积极配合村干部开展走访入户、政策宣讲等工作。同时，融入群众，开展义务理发、金融知识宣讲、节日慰问、消费帮扶、"普法下乡"宣传等活动，为农民提供精准、有效的金融支持。

思考： 请参考上述案例，谈谈你还知道其他哪些"党建＋金融服务"融合案例。

治理有效：立足目标客群，提供综合解决方案

农商银行作为县域实体经济尤其是"三农"产业最重要的金融力量，在活跃农村经济、助推县域实体发展方面发挥着不可忽视的作用。在"银政企农"圈层共建中，银行需要服务好目标客群，实现金融"活水"精准"浇灌"。

【思考】

第三季度是夏粮收购的旺季，对于农商银行和"两邮"（中国邮政储蓄银行、邮政银行）来说，种植养殖客户是这个季度的增量来源，产品和服务主要集中于揽储、短期理财和助农贷款。如何高效触达本地种植养殖户？

解题思路： 从农业技术赋能支撑和农产品销售这两个方向入手。第三季度的旺季营销，从春季播种前就要开始布局。在这大半年里，我们要与当地农技部门合作安排农业技术下乡，邀请该领域专家通过讲座、走访等形式提供技术理

论支撑和实战辅导。同时还要帮助种植养殖户解决产品进城和利益最大化的问题。近年来不少银行的助农直播间就起到了将本地当季特色农产品及农产品加工产品卖向全国各地的作用。

生活富裕：围绕农村生活打造乡村振兴带头人

作为农商银行的一员，需要走入田间地头、千家万户，为乡村建设、产业发展提供全链条、保姆式服务，打通农村金融的"最后一米"成为乡村振兴的带头人。

某商业银行在客户经理与客户的关系处理上提出了"一个态度和一个目标"值得我们学习。一个态度即"进村狗不叫"，说的是客户经理需要和客户打成一片，真正走到客户身边去，躬身入局，时间长了，村里的狗对你都非常的熟悉了；一个目标即"做行业专家"，这里的行业专家不是指金融行业专家，懂金融产品和金融服务是我们的本分，我们要懂客户的行业，能解决客户行业的问题或为其提供参考意见。

【思考】

有一次我去江西赣州做分享，课程为期两天，我被安排在第二天。早上进行培训准备的时候，赫然看到前一天的横幅还没来得及拆，上面写着"热烈欢迎赣南师范大学专家 脐橙技术培训"。原来在做银行培训之前，为了更好地了解行业，他们安排了专业的脐橙培训。为什么银行需要培训脐橙相关知识呢？

解题思路：如果你搞懂了PCPS宣式营销策划闭环链路图，那么你就会发现若是把脐橙营销的方法论想通了，银行营销的方法论就通了，实践也就通了。
- ❏ 产品——脐橙贷。
- ❏ 客群——脐橙种植户。
- ❏ 痛点——脐橙种植农业技术欠缺（让客户经理成为行业专家或直接培训种植户）。
- ❏ 场景——邀请赣南师范大学专家进行脐橙技术培训。

第3节　城区金融生态场景搭建

上一节我们说了农区金融生态场景搭建，这一节我们来聊一聊城区金融生态场景搭建。相比于农村，城市似乎拥有搭建更多场景的可能性。下面我从职场场景和生活场景两个方面来具体阐述。

职场场景

职场场景主要针对B端客户，如供应链上下游、小微企业及个体户等客群。商业银行为企业提供的金融产品与服务主要是存货融资，如应付/预付款融资和应收账款融资等，主要是为了解决小微企业融资难的问题。那么，在众多银行中，客户为什么会选中我呢？答案是：我能带给客户的不仅仅是贷款，更多的是他所需要的市场、客源以及更多的增值服务。

曾有一个高净值客户主业做投资，行业影响力非凡。但他总说："你们来啥都不用给我带，多来我这里喝茶就行。每次你们来多讲讲你们的小微客户都在关注什么、痛苦什么、探索什么，就相当于帮我打开了几扇窗，丰富的信息就如同新鲜的空气流进来了。"

我打趣他说："老板您客气了，对于这些信息，专业的行业研究、咨询机构比我们专业得多啊。"他说："那不一样，他们给我的都是公开信息，而你们给我的是'春江水暖鸭先知'的信息，这对我们做投资的人来说太重要了。"

时下有一个流行的产品营销公式：

$$产品价值 = 使用价值 + 情绪价值 + 资产价值$$

使用价值是指该产品能给用户提供什么样的服务，能帮助用户解决什么问题。一般来说，提供的服务越全面、使用越简单，用户就会越舒服；对用户的帮助越大，相应的使用价值就越高。情绪价值是指该产品在正常使用过程中额外带给用户的情感体验，包括但不限于安全感、虚荣感、成就感等。宠物经济就是主打情绪价值的一种经济形态。资产价值就是我们常说的产品的"吸金"能力，没有吸金能力的产品只能昙花一现。

囿于在资金本身的使用价值谈产品，是不合格银行人的表现。我们要思考的问题是：除了资金，我们还能为客户提供哪些增值服务？

生活场景

银行进入生活场景最早是信用卡积分换购活动，那时的活动效果完全取决于银行对换购活动的重视程度。互联网的快速发展，为互联网平台上的生活场景带来巨大流量。看到这"泼天富贵"，各个银行纷纷下场，有搭建自己的银行商场的，有与头部平台合作的，都试图分一杯羹。但出于目标不明确、客群不清晰等原因，大多数银行的营销效果不尽如人意。如今，银行在场景选择上应从以头部平台合作为主转向侧重建设本地社区、商圈等生活场景，让服务和赋能并行，打造开放金融平台。

1. 衣、食、住、行

近年来，越来越多的银行以手机银行、生活服务类 App 等线上平台为主阵地来服务民生，服务长尾客户。金融发展要以人民为中心，既要走进企业一线，又要迈入千家万户的生活。

例如，2023 年，中国银行陕西省分行（下称"陕西中行"）将高质量金融服务融入大众生活，以满足群众衣、食、住、行等各方面的消费需求。在"衣"方面，陕西中行与砂之船（西安）奥莱合作，趁着春装上市之际，为客户提供绑定中银数字信用卡即可享受支付即可满减的服务，信用卡支持"即申、即绑、即活、即用"。在"食"方面，陕西中行为陷入经营困难的餐饮商户提供贷款，助力商户健康、稳定发展。在"住"方面，针对个人住房贷款需求，陕西中行通过合理确定个人住房贷款首付比例和贷款利率，满足居民住房刚性需求和改善性住房需求；贯彻落实"保交楼、保民生、保稳定"的工作要求，为房地产市场的平稳健康发展提供金融支持。在"行"方面，陕西中行积极响应国家"扩内需、促消费"政策号召，大力发展汽车分期业务，聚焦新能源领域，着力打造"绿色分期，首选银行"品牌。

2. 亲子生活

2021 年，国家实施三孩生育政策，同时随着生活条件的提高，家长对孩子的重视程度也越来越高。帮助孩子树立正确的金钱观、为孩子购买合适保险的需求也越来越凸显。城商银行应该抓住机遇，搭建"财富小管家""财富训练营"等场景，以触达孩子的家长。

【案例】

这几年，在我辅导的众多银行中，有几家年年在暑假期间做一件事——晚上打开网点厅堂空调，支起大屏幕，播放爱国主义题材电影。爱国主义题材电影，老人、大人、孩子都是爱看的。某行网点所处位置在居民小区和公园之间，是每天晚饭后居民去公园遛弯儿的必经之地。我们吸引老老小小进入大厅观看电影，看到一半的时候会进行中场休息，此时由客户经理客串现场主持进行有奖问答。主持人总共问3个问题：第一个问题是关于影片的，主打制造气氛，要的是客户争先恐后地抢答，要的是拉近与客户的距离；第二个问题是"我行1年期大额存单产品的利率是多少？"主持人边问边用眼神引导大家看身旁的展架，上面赫然写着大额存单利率；第三个问题是"我们的银行网点在哪条路上？"观众都是附近住着的居民，答案没有任何挑战性，但无比热闹。

"恭喜我们获奖的小朋友们，精彩电影马上继续。大家可以拿出手机扫描我手上的二维码，加入我们的支行粉丝福利与爱国主义电影播放拍档群，我们会及时公布下一周的电影拍档，也欢迎大家向我们推荐你想看的电影。同时，现在扫码入群的小伙伴们，可通过转转盘抽奖游戏进行抽奖，抽完奖我们的电影将继续。"

分析："70后、80后、90后"这三代人，小时候看过最多的电影题材几乎都是与抗战主题相关的，如《地道战》《地雷战》《小兵张嘎》《鸡毛信》等，这对于孩子的教育成长相当有意义。然而，如今的小朋友人手一台手机或平板电脑，他们刷着短视频、打着游戏、看着动画片，埋下了很大的隐患。家长不愿意孩子这样，但是如今的电影院又不可能

> 给孩子们播放《小兵张嘎》,"社会上的一切痛点皆是我们的机会",电影院不放,我们银行来放。
>
> 通过电影中场休息,与观众互动进行有奖问答,娱乐性、参与感、仪式感都有了,流量也就制造成功了。加入微信群这个动作,让活动有了延续,也让客户与我们有了更多接触的机会。

3. 宠物生活

从"资深宠物家"到"疯狂铲屎官","它"经济正在以一种不容小觑的力量渗入我们的生活。宠物医院、宠物美容、家庭寄养、宠物殡葬等新奇的产业不断出现。《2023—2024年中国宠物行业白皮书(消费报告)》显示,2023年,城镇宠物消费市场规模为2793亿元,预计在2026年达到3613亿元。此外,我国家庭宠物拥有量与国外一些国家相比,还处于低水平状态,随着老龄化社会到来以及新生代年轻人的家庭观念、婚姻观念等的改变,未来5~10年宠物产业还将呈爆发式增长。

例如,杭州联合银行开办了全省首家宠物主题银行"爱它宠物银行",网点内设多个宠物友好模块,包括流浪猫小屋、宠物休息站、撸猫空间、宠物用品商店等,旨在为主人和"毛孩子"提供一站式的爱心服务。开业当天,杭州联合银行还推出了业内首张萌宠DIY卡,支持宠物主人上传爱宠照片制作个性银行卡,打造宠物与主人之间的"专属美好",而小小卡片中也暗藏玄机,杭州联合银行联动浙江省宠物行业协会与宠物行业知名企业建立起"爱它宠物联盟",并以萌宠DIY卡为载体,配置了疫苗、体检、洗护等多项专属权益。

第 7 章 CHAPTER

基于金融生态场景批量获客

金融场景的内涵是以金融机构为中心串联四大基本要素（客群、金融服务、非金融服务、内容资讯），将银行金融服务下沉到各类非金融服务中，通过大数据筛选不同客群，精准定位不同客群的金融需求，并以非金融服务为导引，引领客户完成金融消费，从而构建良性互动的服务闭环。在经历了金融场景"从无到有"的突破之后，"精耕细作"和差异化运营将是商业银行需求突破的新机遇，也是一场长期考验。

第 1 节 立足"生活圈"和"生意圈"

生活圈是一个地理学和规划学上的概念，可满足居民的日常生活所需。生活圈可以分为不同类型，如都市生活圈、社区生活圈等。生意圈则是指人脉，而做生意靠的就是人脉。要服务好 C 端客户和 B 端客户，银行就需要在"生活圈"和"生意圈"方面下足功夫，打造匹配的场景，达到获客、活客的目的。

商圈线上线下一体化获客

打造本地商圈的基础是建设丰富的金融生态场景，拓展"场景＋金融"的服务覆盖面。银行可以寻找本地商圈中的大中型企业、特色行业代表建立业务关系，为本地客户提供优惠、便利，也为企业商户拓宽产品销路。例如，农商行打造以网点为中心的周边 15 分钟生态圈，以位置相对集中，但行业类别较为分散的商户为主，主要为网点周边的沿街小店，包括小超市、花店、服饰店、面条店、馄饨摊等，选择人流量高、口碑好、价格实惠且合作意向明确的商户开展合作。

不少银行正在策划执行"助力夜经济，金融不打烊"直播间，商圈、夜市、文旅酒店，只要是年轻客群扎堆的地方，就有它们的直播镜头，一手对接 B 端结算商家，一手对接 C 端零售客户。这种做法值得大多数银行参考。

【案例】
节点：日常
地点：渤海银行某省会分行
任务：理财、汽车消费金融等产品的营销
主题："渤海带你逛万象"商圈直播

在某省会城市，渤海银行拥有十几个网点，论竞争可谓"前有狼后有虎"。就拿万象城商圈来说，商场中的入驻商户品类丰富多彩，涉及餐饮、食品、手机、服饰、娱乐、美妆、配饰、汽车等领域，几百户商家和每天数以万计的人流

量，无疑是各家金融机构的兵家必争之地。渤海银行想要在其中拥有自己的一席之地，让B端商户和C端零售客户都离不开它。

我们为它打造的方案是：用短视频+直播探店打卡的形式，帮助新能源汽车商户宣传、引流，同时宣传本行的相关分期产品，直播间扫码加入粉丝群，一对一加微信引流至厅堂进行洽谈。效果非常明显。除了新能源汽车商户外，只要是商圈中正规门店的产品，我们都可以通过探店打卡的方式帮助商户做生意。

另外，在我们直播间，经常会被"买理财到渤海"这六个字刷屏。这不是因为客户爱我们银行，也不是因为他们觉得主播长得好看，而是因为我们设置的口令截图抽奖环节的要求。刷"买理财到渤海"已经成为很多铁粉的保留节目，主播还没开启口令，粉丝们已经开始不停地打字刷屏了。一些刚刚进入直播间的吃瓜群众也开始跟风刷起来，即便他们根本不知道发生了什么。更有意思的是，随着场次的积累，在本地广大粉丝的心目中，好像只有渤海才有理财产品卖一样。这不免让人想起当年那些洗脑式的广告语——"恒源祥，羊羊羊""今年过年不收礼，收礼只收脑白金"等。时代变了，广告传播的载体变了，但消费者喜闻乐见的形式依旧。

分析：如何在产品高度同质化和手段极端内卷化的情况下打一场突围战？如何在商场林立的CBD（中央商务区）拥有自己的一席之地？如何让B端商户和C端零售客户都离不开我们？解题思路还是要从解决客户的问题开始。

你有没有想过，为什么过去传统燃油车的4S店一般集中于每一个城市的某一个相对固定区域，而如今的新能源汽车体验店几乎都开设在了商场门店？原因就是要往人多的地方去，往年轻人爱逛的地方去。随着大量有竞争力的新能源汽车产品的推出，以及价格促销力度的不断加大，消费者的购买热情逐步得到释放，同时也加剧了新能源汽车市场的竞争。总而言之，生意不好做。所以，我们通过搭建"商圈＋金融"生态场景，采用短视频＋直播探店打卡形式，通过直播间引导客户加微信，从线上引导客户至新能源汽车体验馆和银行网点，实现线上线下一体化组合营销，一方面宣传了新能源汽车品牌，给消费者带来一些真金白银的优惠，另一方面巧妙宣传了银行汽车分期产品。

近年来，你可能收到过某个亲友在微信上给你推送的一条链接，邀请你帮他"砍一刀"。这位亲友在把这条链接分享给你之前，他很可能在思想上有一丝的挣扎、犹豫、斗争，他会想到经常麻烦你帮他拼团、砍价、投票，你会嫌弃他、讨厌他，甚至反感他，但是在最后一瞬间，他还是点击了发送按钮。为什么？因为平台告诉他只差 0.03 元，或者是只差两个人就可以得到奖励。在直播间跟风刷屏的人就是在"害怕失去"，害怕别人都在"薅羊毛"的时候，自己却薅不着。所以直播间刷屏一阵猛过一阵。

B 端客户的流量制造

B 端客户不同于 C 端客户，他们不会因为一幅图片、一个短视频、一篇文案就被成功说服。他们往往更加客观、理性，会从自身需求出发主动寻找合作。所以，我们需要捕捉 B 端客户的需求，如供应链上下游合作伙伴的筛选、情绪价值、行业动态、国家政策变动、融资需求等，创设适配的场景，有针对性地为其提供服务。

银行可以通过以下途径获取 B 端客户的需求。

- **市场调研**：通过市场调研了解行业趋势、竞争对手情况以及目标客户的需求和痛点，为确定有针对性的产品和服务方案提供依据。
- **客户访谈**：与客户进行深入沟通和交流，了解他们的具体需求和期望。这可以通过面对面的访谈、电话访谈或在线问卷等方式进行。
- **数据分析**：利用大数据和人工智能技术对客户的行为和偏好进行分析，从而洞察客户的当前需求和潜在需求。这包括分析客户的交易记录、信用记录、社交媒体行为等。
- **合作伙伴关系**：与其他合作伙伴（如供应商、经销商等）建立紧密的合作关系，通过合作伙伴了解客户的需求和反馈。

【案例】

节点：开门红旺季营销期间

地点：农商行网点周边商户

任务：开门红揽储蓄客

主题："街道最具人气商户"评选

形式：H5 超链接朋友圈投票

某乡镇网点辖区范围内汇集着各行各业的商铺小老板。麻辣烫店的王大哥、服装店的李大姐、家常菜馆的薛哥、修车行的江师傅、超市的黄总和烟酒店的毛叔，想要请他们将结算、收单、存款等业务放在本行，我们应该怎么做呢？光靠比较存款利率是不行的，因为大概率给我们的利率不会有太大的优势。

我们讨论后决定以提供情绪价值为抓手。通过分析客群，发现他们的平均年龄都在 50 岁上下，什么是中年小老板的情绪价值呢？

经过分析，我们发现：他们大多已经开始步入中老年，年轻的时候刚好是改革开放初期，是在热血年代成长起来的一代人。他们渴望自我表达，渴望被人认可，如今有事没事都在刷手机，甚至会创作自己的内容，且产量相对稳定。

我们能不能搭建一个场景，去满足他们渴望表达却又不想主动表达的内心需求呢？

最终，我们通过H5超链接做了"街道最具人气商户"评选，利用朋友圈分享传播，邀请商户在规定的时间内完成投票对决。这些商户没有想到，自己有一天也会像明星和网红一样，走到镜头前享受一把万众瞩目的感觉。没错，此时的商户就是本镇的"超女""快男"，是超级大明星。而这时你也会发现，拼命转发邀请拉票的根本不是银行人，而是参加评选的各个商户。

随着评选进入白热化状态，你会发现大家从"害羞式"拉票变为了刷屏式拉票。家常菜馆的薛哥起初是有些难为情的，不好意思分享邀请更多的人帮他投票，甚至他会对来店里吃饭的客人说："银行非要我参加这个活动，我其实是不愿意的。"但当他看到隔壁烟酒店的毛叔已经获得3000多票时，那颗胜负之心被瞬间点燃，他拼尽全力把投票链接发到朋友圈、微信群、好友微信上。

分析：商圈商户作为低成本揽储的重要客群，尤其是在开门红期间，更加需要通过搭建场景做活动，与商圈里的商户交朋友。大多数银行都会在旺季营销时上门走访沿街商铺、商圈商户，当然通常也不会空着手上门，往往会带上印有本行标识的水杯、挂历、春联等礼品，但靠这些在内卷的开门红赛道是远远不够的。我们还需要为商户老板提供情绪价值。

互联网用户运营，养成大于变现

"养成大于变现"强调的是在用户运营中要注重长期价值的培养，而不是仅关注短期收益。用户运营是一个长期的过程，需要耐心和持续的努力。在用户运营的过程中，不仅要追求短期收益，更应该关注如何建立和维护一个健康、活跃、忠诚的用户群体。

在银行业中，"养成大于变现"的理念同样适用。银行不仅要追求短期的业务增长和收益，更要注重长期用户关系的建立和维护，通过提供优质的服务和体验，培养用户的忠诚度和活跃度，从而实现长期的业务发展和价值增长。

例如，招商银行在信用卡客群经营方面，注重通过社群运营来建立和维护用户关系。他们围绕一线城市、二线城市及省会城市的大商圈进行周边区域用户的导流，筛选具有客流大、连锁商户多等特点的商圈，通过运营提高客户黏性、产品转化率。招商银行充分利用企业微信、视频号、小程序和 App 的联动来增强社群运营的能力，通过持续的内容输出和活动组织，如周二五折提前购、周三五折日等主题日活动，以及视频号直播等，加强用户对品牌的认知和忠诚。这种长期的社群运营策略，虽然短期内可能看不到显著的变现效果，但长期来看，有助于培养用户的消费习惯和忠诚，为银行带来稳定的收益增长。

第 2 节　前端获客渠道划分

在数字化金融时代，为了保持行业竞争力，商业银行不仅要提供卓越的金融产品和服务，还要通过多样化的获客渠道吸引新客户。获客渠道的选择直接关系银行的市场份额和客户忠诚度。本节就来介绍前端获客渠道的特点、运营方法等。

自有线下渠道

自有线下渠道主要是指商业银行自建的分行网点、ATM 和自助服务设备等传统渠道。这类渠道主要针对纯粹的金融服务场景，如存取款、贷款、理财等。

1. 分行网点

传统的支行网点仍然是商业银行最重要的线下获客渠道之一。分行的地理位置、装修风格以及服务质量都会影响客户的选择。在分行网点举办各类活动，如开放日、理财讲座、优惠推广等，不仅可以增强与存量客户的互动，还是吸引潜在客户的一种有效方式。

例如，某农商银行制定了"五个一定"策略，即进入网点的客户一定"一个都不放过"；咨询业务的客户一定留电话、留微信、留信息；只要在营业网点外徘徊的客户一定请进来宣传金融产品；只要有时间一定外出走街串巷做产品营销；捕捉到相关信息就一定"跟踪追击"，力争"收为己有"。

2. ATM 和自助服务设备

通过广泛布局 ATM 和自助服务设备，商业银行提供了更加便捷的服务，吸引了有现金业务需求的客户。

此外，2013 年兴起的社区银行也曾掀起波澜。它有别于传统的银行网点，面积更小，不设现金业务柜台，业务办理主要依赖智能终端，但十年过后再回望，社区银行的发展未能如愿。

自有线上渠道

自有线上渠道主要是指官方网站和银行 App，依托互联网为客户提供便捷的移动金融服务。商业银行的官方网站和银行 App

是最直接、最便捷的获客渠道之一。通过提供在线开户、贷款申请、理财购买等功能，银行可以吸引有明确金融需求的客户，并提供更快捷的服务。

例如，招商银行掌上生活 App 是银行自有线上渠道的典范。它的"饭票"业务在餐饮商户的选择上有别于其他互联网企业"商户开放、自主进驻"的原则，而是采用了"邀请进驻、一一审核"的原则，更好地满足了用户对餐厅品牌、口味、环境和服务的要求。它不直接接入第三方平台，自建自营的模式保障了用户信息的安全，同时也更便于银行对大量用户行为数据进行精细化分析，并应用到用户画像分析中。招商银行掌上生活 App 坚持自建平台、自营商户、自营用户，成功打造出了 B2B2C 模式。

合作商户渠道

现在银行的合作商户渠道主要包括线上和线下两方面。在线下，银行可以与其他行业的企业建立合作伙伴关系，如与房地产公司合作推出房贷产品；在线上，可以与互联网企业合作，为其提供后端的金融产品或资金，可以与电商平台合作推出信用卡联名卡等，这样做可以共享资源、扩大潜在客户范围。此外，商业银行也可以在自建的场景中引入外部合作方共建场景生态。

例如，2012 年，光大银行是首家将银行智能存款产品"定存宝"链接到支付宝渠道的商业银行。2014 年，光大永明保险的万能险产品链接到百度金融。目前，光大银行已与金融科技、交通运输、教育、地产等多个行业的上千家 B 端合作公司实现合作，为其提供个性化、定制化的解决方案。

线上导流渠道

社交媒体平台是银行常用的线上导流渠道，如微信、微博、抖音、小红书等。银行可以通过社交媒体平台发布金融知识、推广优惠活动，增强品牌曝光度，吸引年轻一代客户。第 9 章会具体介绍如何使用腾讯生态中的工具帮助引流获客，如个人微信、企业微信、公众号、视频号等。

除了社交媒体平台，搜索引擎营销（SEM）也是一种有效手段。通过购买关键词广告，商业银行能够在搜索引擎中获得更多曝光，引导潜在客户访问银行网站，了解和使用其产品和服务。

第 3 节　以信用卡为例的场景化获客

由于微信、支付宝等互联网金融平台的入局，信用卡已经进入存量时代，客户精细化运营成为各家银行博弈的必然选择。十八般武艺齐上阵，各家银行都希望以差异化产品与服务来获客、活客。

文体娱乐场景化获客

信用卡想要借助文体娱乐实现场景化获客，可以从 3 个方面入手（见图 7-1）。一是与异业联盟，将信用卡产品转变为消费品；二是与娱乐平台合作，发行联名卡，为用户提供具有吸引力的权益和福利；三是与大 IP 合作，制造粉丝效应。

例如，2023 年，旅游的热度上涨到前所未有的高度。招商银行（以下简称招行）信用卡敏锐洞察到旅游将成为确定性消费的增长点，故在 2023 年 1 月推出贯穿全年的"非常境外游"活动。"消费满额，最高返 10%"吸引了众多用户。用户只要在招行掌上生活 App 搜索"非常境外游"即可快速进入活动专区，专区内集合了一键报名、优惠查询、进度查询等多种功能，操作方

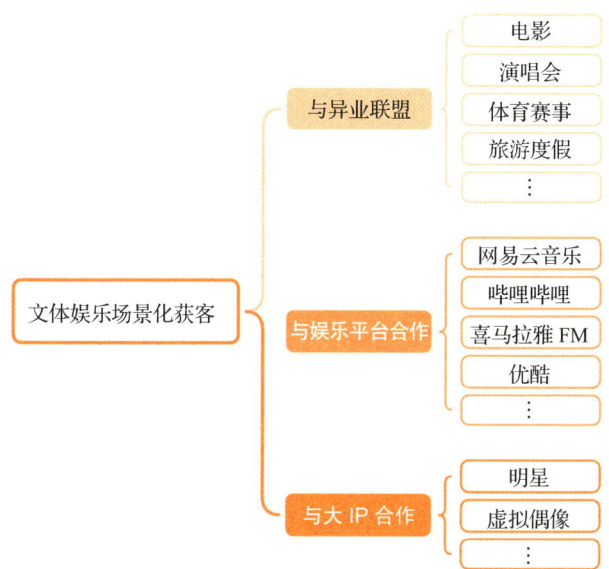

图 7-1　借助文体娱乐场景化获客的三个方面

便快捷。小到一杯咖啡、一份甜品，大到免税购物、酒店入住，无论衣食住行，都可以参与返现活动。接着，招行信用卡趁势追击，聚焦国内旅游热潮，在 2023 年 6 月开展"非常海南"主题活动，联合多领域优质合作商户打造"机票、酒店、租车、免税购物"一站式消费优惠体验，助力持卡人在海南享受"阳光、海浪和买买买"。2023 年年末，又推出了"非常旅游·冰雪哈尔滨"活动，一方面推进与哈尔滨美食、特产、酒店等商户的互惠合作，为商家集客引流；另一方面以"必吃""必买""惠住""必玩"四个板块为消费者提供实实在在的吃喝玩乐住优惠。

又如 2020 年 12 月，招行 bilibili 联名信用卡上市，正式打响了面向"2233"⊖这个万众瞩目的年轻人 IP 进行产品开发的

⊖ 2233 是 bilibili 的两个虚拟形象代言人，即 22 娘和 33 娘。——编辑注

"第一枪"。2024 年 8 月 8 日，全新的招商银行 bilibili 干杯信用卡正式上市，首次将"bilibili 干杯"这个由 B 站数字藏品孵化而来的形象带进现实。

汽车场景化获客

随着我国汽车产业"换道超车"取得良好成果，新能源汽车行业保持高速发展态势，以电动化、网联化、智能化、共享化"新四化"为特征的汽车消费也在快速更新换代。面对旺盛的购车需求与潜在的消费动能，2023 年 7 月，国家发展改革委会同有关部门和单位研究制定了《关于促进汽车消费的若干措施》，明确提出"加强汽车消费金融服务，加大汽车消费信贷支持"。那么，具体应该如何做到汽车场景化获客呢？

结合场景搭建 7 步法和 PCPS 宣式营销策划闭环链路图，我们从产品、客群、痛点、场景出发。

（1）明确本行推出的相关产品，也就是你需要推销的产品。如兴业银行信用卡与新能源汽车品牌蔚来、合众、高合、岚图、极氪等合作，针对新能源汽车，推出限时超低优惠分期服务。

（2）利用客群分析 4 步法，锁定你的客群，如有购车需求的人、二手车商、新车销售商、保险公司等。

（3）抓住用户的痛点，也就是了解目标客群有哪些实际需求，如对汽车不了解，想要深入了解各汽车的性能；预算不充裕，想要更低的折扣；购买汽车保险以及后续的维修保养问题等。例如，兴业银行的"兴业生活"官方 App 全新上架"车生活专区"，打造一站式线上看车、选车、用车服务，客户可以线上选车、预约分期，相关车型、分期方案等一目了然，还可享受购买品牌洗车养护优惠服务，手指一点，轻松享受"选车、出行、养护"全流程汽车服务。

（4）搭建场景，做好引流。再次强调：场景不要大而全，要做小、做精，只有这样才能更好地触达客户。在汽车金融生态场景中，想要触达客户，我们可以通过直接触达和间接触达两种方式，如图7-2所示。

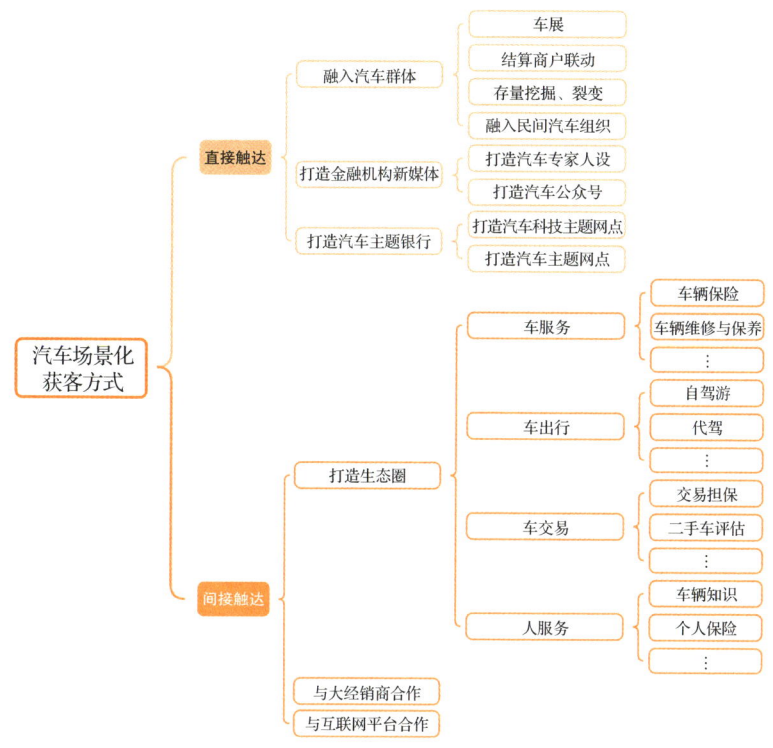

图7-2 汽车场景化获客方式

例如，平安银行深耕汽车金融领域20多年，为满足上游供应商、中下游经销商和车用户全方位的需求，推出一站式金融服务平台，为各类客户提供银行贷款、个人消费金融、对公服务等的全场景综合金融服务。平安银行的汽车生态圈全景如图7-3所示。

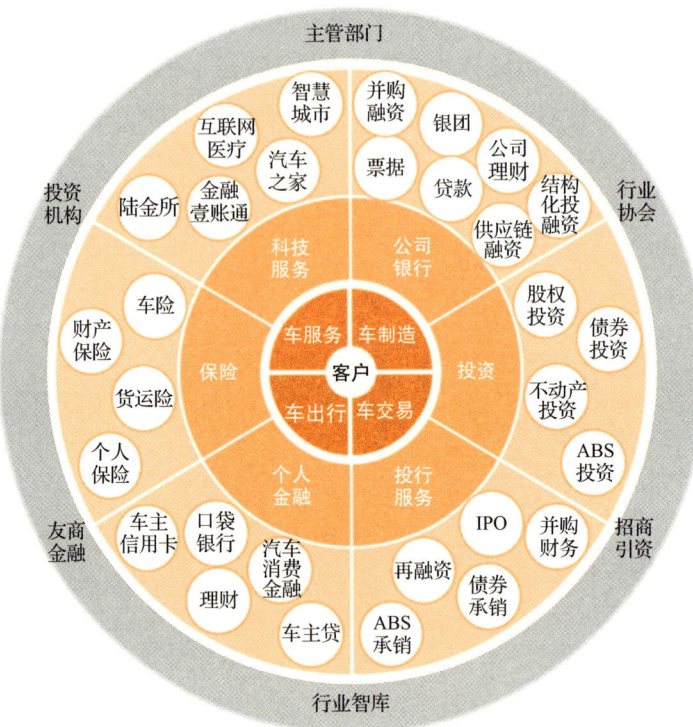

图 7-3 平安银行的汽车生态圈全景

萌宠主题场景化获客

宠物以其独特的陪伴和治愈属性逐渐成为无数家庭不可或缺的一员。人们对于宠物相关的消费和服务需求也呈现出多元化、个性化的趋势，宠物服务消费也逐渐"拟人化"，宠物业务已成为本地生活新战场。

与萌宠相关的场景有宠物医院、宠物商店、宠物保险等，萌宠生态圈场景搭建可以从 B 端用户和 C 端用户两端出发，如图 7-4 所示。

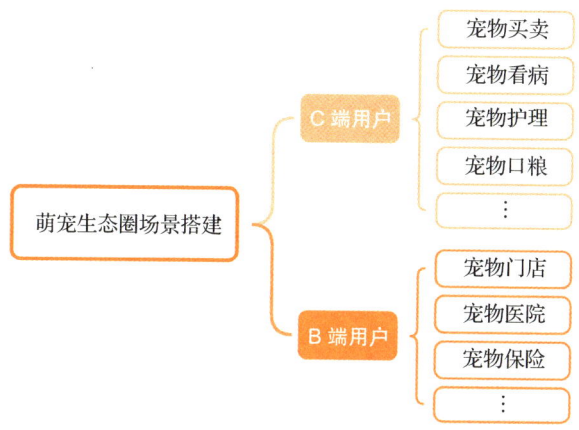

图 7-4 萌宠生态圈场景搭建方式

例如，北京银行推出的"萌宠"主题信用卡，在线下携手全国范围内 14 个城市的超过 800 家宠物门店，为持卡人提供专属宠物用品采购、宠物洗护、撸宠互动等场景的支付优惠，并推出个性化宠物周边商品；在线上推出"萌宠电商节"，宠物主可享受线上宠物商品的满减促销服务。

又如，浦发银行"萌宠"主题信用卡配置新户首刷、消费达标、萌宠保险等个性化、多样化产品权益，并围绕养宠、爱宠客群开发了宠物平台模块，在常规的信息集成、医疗预约功能的基础上，加载了同业独家"爱宠美照"社交分享功能，充分满足了养宠、爱宠客群在信用卡领域的消费需求和情感需求。

探店打卡场景化获客

如今，到一家新开的或者有特色的店铺，体验其服务或产品后，在社交媒体上分享自己的体验和照片已经成为年轻人的常态。短视频、直播等形式打造了一个沉浸式交互场景，消费者能更真切地感受到商家的服务和达人探店时的体验。通过线上线下融合，达人探店将消费者的复合化需求与商家服务进行了精准匹配。无论用户来自哪里，也无论用户的饮食偏好是什么，只要身边人都在打卡，他（她）就无法轻易抵抗这种吸引。

探店打卡场景化获客途径如图 7-5 所示。

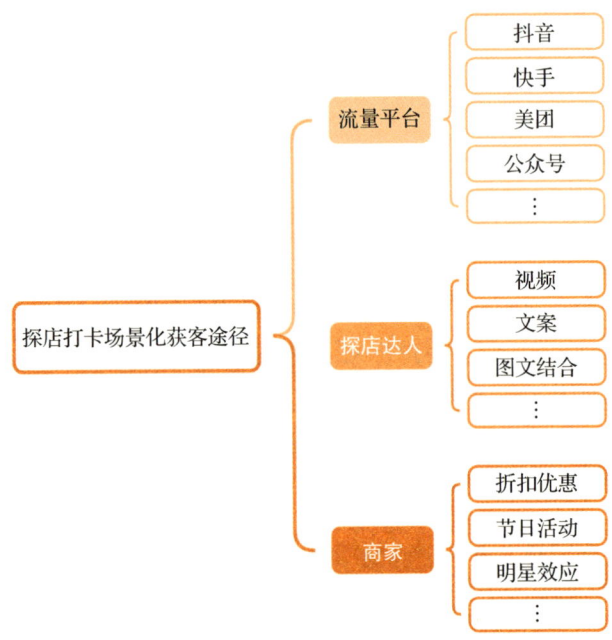

图 7-5　探店打卡场景化获客途径

例如，2021 年，招商银行信用卡掌上生活 App 推出了"招牌必享榜"，上榜店铺是从热门美食品牌中优中选优的，旨在为用户提供当地就餐的消费决策。同时，上榜店铺不仅是品质的保证，还有招行提供的专属折扣。

年轻主题场景化获客

如今，年轻人正成为促进消费市场持续蓬勃发展的"中坚力量"。有研报显示，2024年，"80后"至"00后"占中国消费主体的46%。我们可以从衣、食、住、行、娱5个方面搭建场景，如图7-6所示。

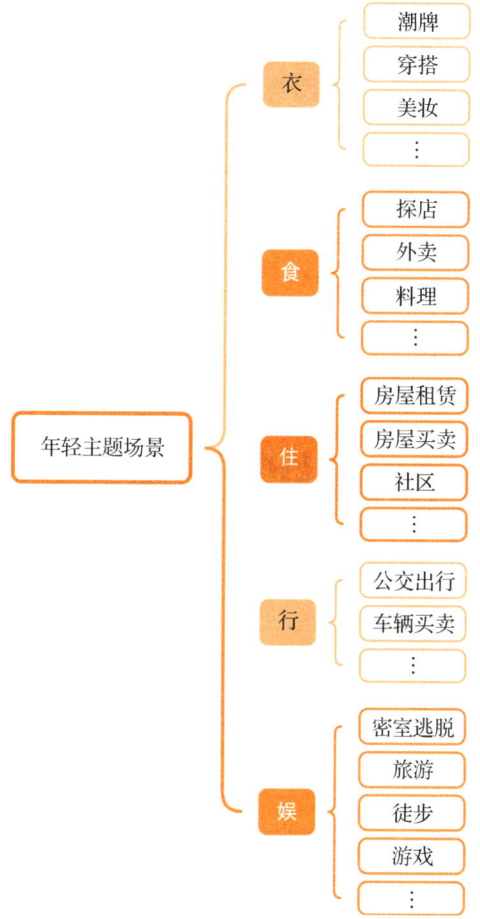

图7-6 年轻主题场景化获客

例如，2023年11月，浦发银行深入洞察年轻客群热爱的"City Walk"旅游形式，从而推出了City Walk主题信用卡。

在权益方面，活动期间，City Walk 主题信用卡主卡持卡人每个自然月完成指定银联渠道 3 笔任意金额消费，可于达标次月领兑惊喜礼品一份。值得一提的是，活动期间，主卡持卡人激活卡片后，首次进入浦大喜奔 App 绿色低碳专区开通服务及碳账户，即可参与 City Walk 主题信用卡步数达标活动。持卡人在浦大喜奔 App 中每天完成 2000 步，每月任意 6 天完成 2000 步打卡，并在当月完成 1 笔指定银联渠道消费，可于达标次月领兑惊喜礼品一份。

在卡面设计上，City Walk 主题信用卡结合"City Walk"热门城市，打造特色版面产品系列，共推出 5 个卡面，包括一张通用版卡面以及广东、江苏、北京、上海 4 个特色版卡面，如图 7-7 所示。

通用版　　活力广东版　　水韵江苏版　　魅力北京版　　摩登上海版

图 7-7　浦发银行"City Walk"主题城市卡面

当你做到对场景化获客信手拈来时，你就会发现每一个场景并不是孤立存在的，而是一环套一环的。例如汽车场景，根据用户年龄的增长可能触达孕婴场景、教育场景、养老场景等。所以，我们既要有搭建一个个小而精的场景达到获客的能力，更要有通过一个个场景的内在联系实现活客、裂变的能力。银行汽车生态场景衍生建设如图 7-8 所示。

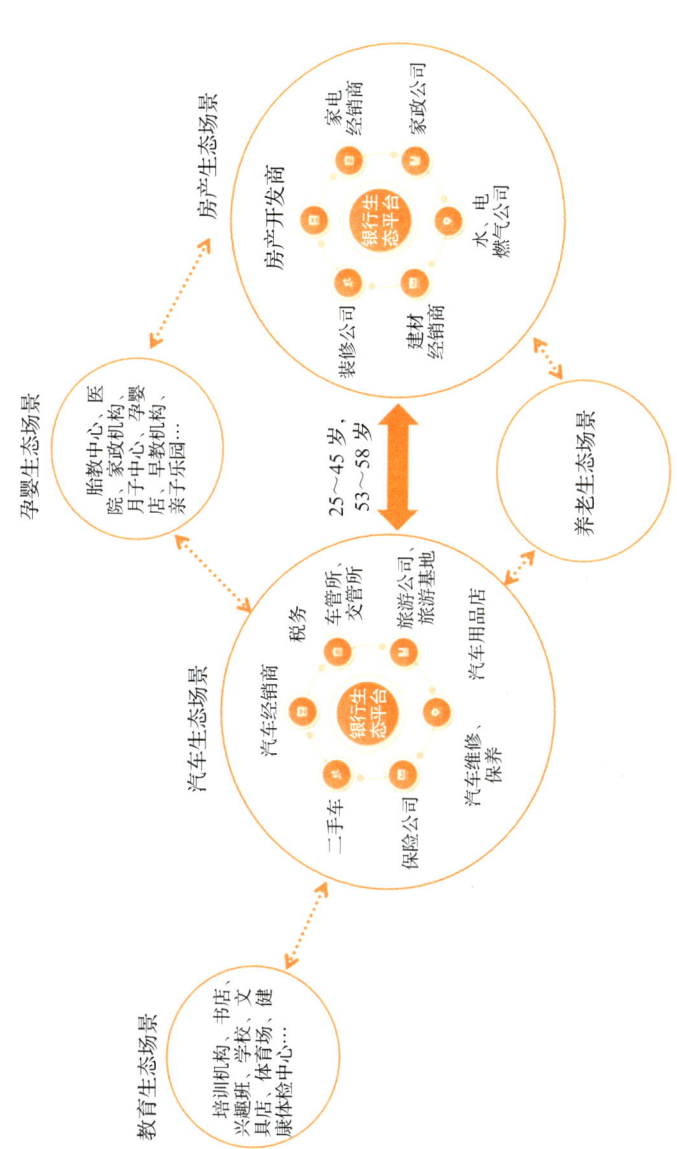

图 7-8 银行汽车生态场景衍生建设

| 第 8 章 | CHAPTER

基于场景的私域化运营

商业银行一方面受到利率下行、大行下沉、拓客放缓等大环境影响,另一方面又要面对增量难、存量卷等现实问题。在这左右夹击之中,私域裂变营销将成为破局的重要手段。本章主要探讨私域流量运营的 7 个步骤,以及私域流量的互动与营销。

第 1 节 私域流量运营的 7 个步骤

私域流量已经成为银行在数字化时代的重要资产。结合自身禀赋深耕场景,扩大服务边界,从线下到线上,再从线上到线下,才能真正用好私域流量。私域流量运营包括图 8-1 所示的 7 个步骤。

图 8-1　私域流量运营的 7 个步骤

明确目标

基于场景化的私域流量运营，第一步需要做的是明确目标，其中涉及目标受众和目标结果。

目标受众是指以各类客群为划分维度的目标对象。在开始构建私域流量之前，首先要明确目标受众是谁，比如年轻客群、代发客群、"羊毛党"、校园客群、小微企业、商圈客群等。目标结果是指针对沉淀下来的私域流量需要达到怎样的金融产品触达预期或者品牌曝光效果，比如绑卡支付、贷款申请、信用卡办理、存款增量提质等。

深入了解目标受众的需求、兴趣和行为特征，以目标结果为导向，才能为后续的内容创作和运营策略提供方向。

建立私域流量池

建立私域流量池是运营私域流量的基础。银行通过各种渠道吸引用户关注，将这些用户纳入自己的私域流量池中。这里的"渠道"成为私域流量沉淀到私域流量池的重要载体，通常包括公众号、个人微信、企业微信、小程序、手机银行 App、短视频和直播平台在内的线上平台，还包括厅堂、社区、企业等线下平台。这部分内容前文有介绍，这里不再重复。

提供优质内容

优质内容是运营私域流量的核心。优质内容的形式可以是图文、音频、视频、直播等。内容本身可以是原创，树立个性化特征，也可以是对其他优质内容的二次创作，这也是类似抖音这样的短视频头部流量平台鼓励用户"拍同款"的原因之一。优质内容可以吸引用户的关注、留存，占领用户使用时长，提高用户黏性和活跃度。

同时，内容本身一定要有趣又有料，既要对受众有用，又要让受众"看得下去"。很多时候，客户不是来听你讲知识的，更不是来听你讲产品的，反而是来听故事，甚至是来听八卦的。

互动与沟通

互动与沟通是运营私域流量的重要抓手。与用户互动的方式有很多，比如公众号、短视频评论区的回复、个人微信群的及时回复、企业微信群的"自动回复"功能、即时一对一回复、问卷、小游戏、优惠券发放、限时秒杀、知识讲座、各类线上线下活动等。

互动与沟通的核心要义是尽可能提高用户参与度，所有的互动活动、社群运营、会员制度都是围绕这个核心要义开展的。其目的是让用户更加融洽地参与到私域流量运营中来，增强用户黏性和忠诚度。

个性化营销

个性化营销是运营私域流量的重要手段。所谓个性化营销，是指根据客户的兴趣、爱好、需求等因素，针对客户做个性化的触达和宣传，以使其购买为其提供的个性化的产品和服务。

对于部分数字化转型走在前列的银行而言，可以通过对自身数字化平台和第三方数据平台的整合，通过对客户历史购买记录、购买偏好、搜索记录等数据进行分析，实现"千人千面"的对产品和服务的精准推荐，提升客户购买意向和转化率。

对于另一部分数字化体系搭建尚不完善的银行而言，更应投入精力提供个性化营销。

【思考】

B银行将"经营贷"产品植入营销视频下方评论区，有3位客户留言表达了对产品的兴趣。通过进一步沟通发现：

- 甲客户是从事种植的，拥有几十亩（1亩＝666.6平方米）瓜田，每年有十几万元进账。他想要扩大销路，所以咨询B银行的贷款项目。
- 乙客户是开花店的，其花店位于大学城，面积约20平方米，因房租到期，他准备换大一点的门面，要进行装修升级。目前有房贷和车贷等生活贷，想要在B银行申请贷款。
- 丙客户是从事教育培训的，受到"双减"政策的影

> 响,想要转换赛道,走早教的路子,目前正在筹备场地、课程等软硬件设施,已在A银行申请过贷款,想要在B银行继续申请贷款。
>
> 3位客户的经营范畴、行业资质、流水、征信和人品等都不尽相同。
>
> 针对上述3位客户,需要提供更加个性化的服务匹配。比如,为客户做直播宣传、借助母行资源为客户赋能等。
>
> **思考**:如果你是客户经理,你将如何为上述3位客户制订个性化服务方案?

个性化营销的核心要义是要有解决客户问题的意愿和能力。关于个性化营销,有没有意愿、想不想做,这是态度问题;做得好不好,这是能力问题。能力不够,可以通过学习提升,态度一旦"摆烂",那就无药可救了。

增强用户体验

增强用户体验是运营私域流量的撒手锏。用户体验(User Experience)是指用户在使用产品、服务以及与产品、服务发生交互时产生的主观感受和需求满足。如今的消费者话语权越来越强,好的用户体验可以增强用户的满意度和忠诚度,不好的用户体验带来的只会是"一锤子买卖"。

增强用户体验的方式大致分为以下几种。

1. 细分市场与个性化营销

对用户进行细分,如分为新用户、活跃用户、沉默用户等。针对不同用户群体制定不同的营销策略,如为新用户提供新手礼包,为活跃用户提供专属优惠,为沉默用户发送唤醒活动信息等。

2. 个性化消息推送

根据用户的兴趣和行为，发送个性化的推送消息，如新产品推荐、促销信息等。为用户提供定制化的服务，如根据用户的购买历史和行为，提供个性化的投资建议和理财产品推荐。

3. 社群运营与用户激励

通过微信群建立品牌社群，定期组织线上活动，如直播、讲座、互动问答等。设置积分系统，用户通过互动和购买行为获得积分，积分可以兑换奖品或优惠券。

4. 持续优化与技术创新

利用大数据、人工智能等新技术，深入分析用户的行为和偏好，制订个性化的营销方案；搭建线上营销体系，如手机银行App、微信公众号、小程序等，实现更加精准、高效的客户触达和服务。

> 【思考】
>
> 在某银行的"薅羊毛"直播活动中，主播把感兴趣的客户引流至粉丝福利群，引导消费者绑定该行银行卡以便在支付时享受一定的优惠，但是在绑卡的过程中，粉丝们发现流程烦琐，需要跳转好几个页面才能完成，不少用户因此选择了放弃。那么这个时候，很多已经被沉淀到福利群这个私域流量池的粉丝，就无法实现从用户到客户的跃迁了。
>
> **思考**：如果你是该行客户经理，针对下一场直播活动，你会提出哪些建议呢？

数据分析和优化

数据分析和优化是运营私域流量的重要保障。通过数据分析，可以了解用户的行为和偏好，为运营策略的制定和优化提供依据。

我们所提到的银行数字化工具和社交平台自身都是有数据分析功能的。比如，在微信视频号直播结束后，平台会自动生成直播数据，我们可以明确地看到观众总数、粉丝占比、最高在线人数、平均观看时长、喝彩次数、新增关注、总热度、送礼人数等数据。

网络金融部门的工作人员可利用银行 CRM 系统、企业微信、手机银行等工具对用户的增长率、活跃度、留存率、转化率、浏览时长等指标进行监控和分析，发现问题可及时优化。

第 2 节 私域流量的互动与营销

当下，银行与客户的线上互动程度持续加深，私域生态价值被放大。如何做好私域流量的互动与营销已经成为银行客户经理的必修课。

社群活动从线上到线下

如今，每个人手机上的微信群少则几十个，多则几百个，虽然大多数沦为广告群、僵尸群，但也有那么几个群是客户舍不得折叠或屏蔽的，因为这些群发布的消息关乎着他们自身的利益。金融产品属于低频高客单价、高决策成本的产品，社群是一种触达工具，而非直接转化的神器，不要神化它。

一个有价值的社群自带营销基因，一个没有价值的社群"人人喊打"。社群作为私域流量的重要载体，在银行线上线下一体化营销获客过程中，承担着极其重要的任务。前文提到，基于非金融生态场景搭建直播间，可直接引流至微信或企业微信社群，沉淀私域流量，这便于以最低成本二次触达和维系客户。

但是，当前银行社群的运营也面临着五大突出痛点。

- 拉群容易导致群泛滥，从而使客户经理和客户皆产生抵触情绪。
- 缺少客户进群的"理由"，为了完成任务拼命"拉人头"。
- 客户经理对社群的经营缺方法、缺标准，使得客户觉得不值得进群。
- 客户进群后，缺少有效的活跃机制，银行推出的活动也因缺乏新意而无法引起客户的兴趣。
- 社群存在缺少维护、沟通不及时等问题，导致无转化。

下面将从社群定位和分类、人员分工、规则建立和内容运营4个方面来阐述银行社群的运营之道。

1. 社群定位和分类

不同属性的社群有着不同的使命，所以要对社群进行定位和分类。客群属性、兴趣爱好、共同诉求都可以成为社群定位和分类的维度，常见的社群有引流群、转化群、福利群、快闪群。引流群的作用主要是承接流量，属于典型的"大鱼塘"，为筛选粉丝提供数据基础。转化群属于典型的"小鱼塘"，其中是从引流群因"精耕细作"而来的有效流量，比如从宝妈群里提炼的对理财产品有意向的客户群、从车友会群里提炼的车主信用卡群等，这一类社群精准度高、转化力强。福利群通常用来经营长尾客户和高净值客户，近年来基本上依赖企业微信来进行标签化运营。快闪群一般用于厅堂线下活动、直播间福利领取，主要在短时间内引导客户完成规定动作。

思考：结合图 8-2 所示的客群分类，开放式地想一想，针对不同类别的客群，我们还可以建立什么样的社群？

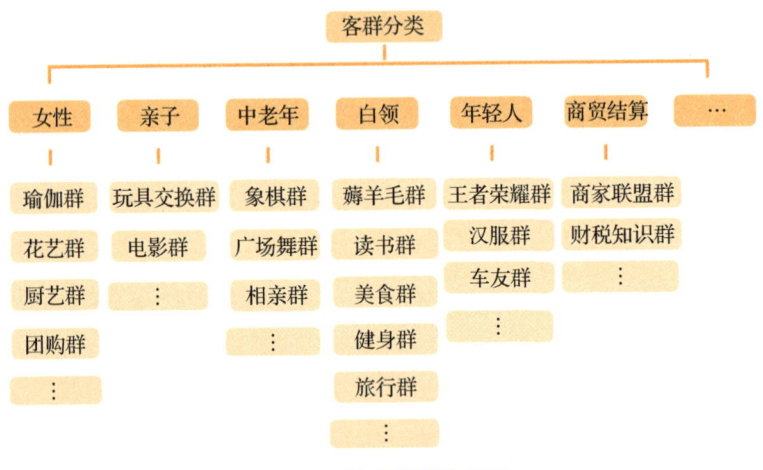

图 8-2 客群分类的分析

2. 人员分工

一个社群里的管理者可能不是只有群主一个人，社群的正常运营和价值输出，需要团队分工。每个社群大致需要 1~3 类人——群主、KOL（关键意见领袖）、气氛组。群主负责整体运营，包括制定运营目标、日常管理、内容输出；关键意见领袖可以是群主本人，也可以另有其人，主要责任是发表权威言论、及时回复互动等；气氛组要会"带节奏"。

当你可以称呼群友们为"宝宝""姐妹""兄弟"时，说明你在这个群里有了自己的话语权，金融产品的转化也就变得水到渠成。其实，不仅仅是金融行业，大多数行业产品的营销都需要基于这样的逻辑，都需要依赖共同话题所塑造的场景。

3. 规则建立

银行业的特殊性体现在方方面面，如对自身风险的把控、对舆情的管理、来自监管部门的监督等。风险管理本身就是一种生产力，没有规矩不成方圆。如果我们自己建了群，身为群主，就必须制定好群规。群规制度一般包括群介绍和具体群规两方面。群介绍就是自我介绍，告诉入群的人"我是谁""我能带来什么""群主是谁"。具体群规则是要引导群名片修改、激励分享，以及说明禁止事项等，如图 8-3 所示。

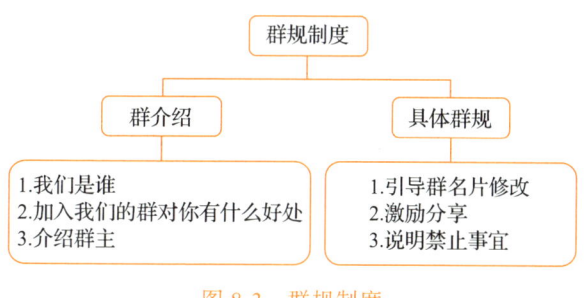

图 8-3　群规制度

当然，在自己不是群主的群里，我们依然要把握一定的主动权。"怎么在群里委婉地发广告而不被踢出去？"这是许多人的疑惑。

我的答案是：第一，不要在你不是群主的群里随意发广告，群主有特别规定可以发广告的除外。第二，广告就是广告，不需要委婉发布。但是，不要在不应该发广告的群里发布广告。比如，我们组建一个宝妈群，大家聊的话题自然跟宝宝相关，这个时候发保险产品的广告显然是不合时宜的。解决这个问题的核心是在宝妈群里持续互动和输出优质内容，强化自身 IP 属性，待时机成熟，你告知大家目前你们单位有一款非常好的分红型产品，很抢手，喜欢的姐妹发"1"，你单独拉群。在你拉的群里就可以堂堂正正地打广告了。

银行客户群的规则建立相对简单，但在执行过程中可能会遇到多种问题，详见表 8-1。

表 8-1　群规则执行过程中存在的问题

存在的问题	详细描述
群成员不遵守规则	部分群成员可能忽视群规则，发布广告、垃圾信息或进行恶意攻击
群成员对群规则的理解不一致	群成员可能对群规则的理解存在差异，导致执行时出现偏差
群规则更新不及时	随着群的发展和客户需求的变化，原有的群规则可能不再适用，但未能及时更新
管理员执行不力	管理员可能因工作繁忙、疏忽或能力不足，未能有效执行群规则
技术障碍	群所在平台可能存在技术故障或限制，影响群规则的执行

针对上述可能存在的问题，我列举了如下解决方案。

（1）加强群规则宣传与教育。在群公告中明确列出群规则，并定期对群成员进行宣传和教育。对于违反群规则的成员，及时给予警告或处罚，以儆效尤。

（2）细化群规则内容。制定具体、明确的群规则，避免模糊和产生歧义。通过举例、解释等方式，帮助群成员更好地理解群规则。

（3）定期审查与更新群规则。定期对群规则进行审查，确保其符合当前群聊的发展和客户需求。及时更新群规则，并向群成员进行通报和解释。

（4）提升管理员的素质与能力。对管理员进行专业培训，提升其金融知识、客户服务技巧和群聊管理技巧。设立绩效考核机制,激励管理员积极执行群规则,提高管理效率。

(5)优化群聊平台技术。选择稳定、可靠的群聊平台,确保群聊顺畅进行。对于平台存在的技术故障或限制,及时与平台方沟通解决。

(6)建立客户反馈机制。通过问卷调查、设置专门的反馈渠道等方式,收集客户对群规则的反馈和建议。认真分析和处理客户反馈,对于合理建议进行采纳和改进。

(7)加强与其他渠道的联动。对社群与线下网点、电话客服等渠道进行联动,提供全方位的客户服务和支持。通过多渠道信息整合,确保客户能够通过多个渠道获取一致和准确的信息。

4. 内容运营

内容是社群运营的内核。社群中的内容要是群友喜欢看的,要能使群友愿意留下来并且愿意参与互动。要想让社群用户愿意留下来并积极参与互动,至少需要满足其6个需求中的任意一项,如图8-4所示。

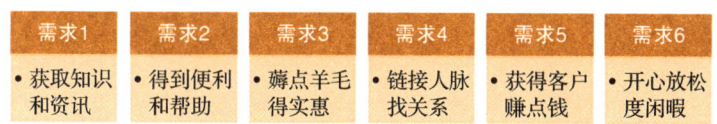

图8-4 社群用户的6个需求

而要做到以上这一切,都离不开社群内容,通过对内容的运营可对群友产生激励并打造价值体系。通过搭建社群内容运营的激励机制和价值体系可以完成用户留存、活跃、转化和转介绍。比如群积分、产品激励、奖品激励和精神激励这几类激励方式通常是通过签到打卡、秒杀、限时、红包和颁发证书等方式实现的。

此外，海报、文案、H5、小程序、公众号推文、短视频、直播等，都是社群内容的有效载体。

【案例】

节点：开门红

地点：河南某地农商行

任务：线上贷款推广

主题："关注健康，情满农商——心脑血管知识讲座"直播活动

正值年前外出劳务、创业人员返乡旺季，针对家庭主要"赚钱"和主要需要"用钱"的青壮年人群，配合当年信贷开门红的主题，本行决定在外出劳务人员返乡前提前对其进行触达。

该行以整村授信入户建档成果为起点，挑选了一个标杆村进行打样。通过整村授信的摸排，该行了解到该村大部分村民在同一个地方创业或务工，有固定的"带头大哥"和约定俗成的组织纪律。有部分村民是该行存量客户，CRM系统中有他们一些基础信息，但常年几乎不与他们联系。

"38"（妇女）、"61"（儿童）、"99"（老人）是他们牵挂的人群，冬季是心脑血管疾病多发期。所以本行邀请当地医院知名心脑血管疾病专家，于某日下午在村委会邀约80多位留守老人听讲座、量血压、测血糖，并参与互动游戏。同步开通直播间，邀请这些老人与在外地的子女一起参加线上互动。同时，该行给每一位老人拍照片、拍短视频，做成个人专辑视频。

在老人做检查、听知识、玩游戏、拿奖品的过程中，该行的主播会不失时机地宣传该行开门红的政策、线上贷款的

优势，同步引导老人的子女在线测额度和填报资料。

一场直播的结束，往往才是真正连接客户的开端。直播结束后，银行客户经理需要电话联系老人的子女，加他们的微信并拉群。

电话联系老人子女的话术：××先生，您好，俺是咱农商银行××支行的××。您父亲/母亲昨天给俺这参加个活动，俺帮忙给量了血压，医生讲了一些高血压防治技巧，还做了视频。俺加您微信发给您看看，您微信通过一下。

添加老人子女个人微信的话术：××你好，我是××银行客户经理××，您父亲在×日参加我行"关爱老人、普惠周到"的活动表现非常活跃，我们特地为老人拍摄了活动花絮并制作成个人专辑，与你分享。老人的血压是高压148、低压98，血压偏高，医生建议低盐饮食，减少饮酒，血糖还算稳定。祝老人身体健康，也希望你们在外工作注意身体，阖家欢乐。

加完微信之后就可以拉群了，新建的社群需要有群名、群介绍和群规。

群名：农商银行普惠周到群

群介绍：我们是××农商银行××支行，春节将至，举办"关爱老人、普惠周到"活动，为乡亲们免费量血压、办心脑血管疾病知识讲座、送礼品。我是群主××，有任何问题可以与我联系。

群规：①进群首先修改自己的备注，改成"姓名＋手机号码"；②严禁发布谣言、未经证实的消息、广告以及各类三俗内容；③如有发现违规，给予警告并删除违规内容及言论。请大家一起维护这里的和谐氛围，感谢大家的支持和配合，谢谢！

到这里，我们就完成了加社群的动作了。接下来就可以直接推产品了吗？可以，但不建议。接下来还需要针对留守老人和儿童至少再做两次活动，让营销变得水到渠成，比如举办"青少年征文大赛""青少年春节祝福短视频大赛"等。

分析：前文提到，针对外出就业创业客群需要打好三张牌——线索牌、感情牌和实力牌。上述案例中的线索牌就是整村授信入户建档；感情牌就是抓住冬季降温，心脑血管疾病多发，邀请专家给留守老人办讲座并进行体检；实力牌就是该行开门红政策、贷款优势，切实符合外出就业创业人员的需求。

我一向是不赞成使用通过网络等渠道获取的、生搬硬套的那种固定话术的。话术可以有，但一定要定制，要接地气，要能拉近与电话那头的人的距离，而方言是一种最优方式。上述电话联系老人子女的话术相信河南人民听起来格外亲切，并且通篇没有提任何"开门红政策""钱"和"利率"等。这个阶段的目标是让客户放下戒备，加微信并进群。

银行在每年开门红旺季营销期间，都会给当地存量客户打电话，但几乎都是在单方面输出，告诉客户今年开门红的活动、政策、利率等相关信息。如果你是一个在外打工的人，当你听完电话那头的行销话术，告知对方今年不能回家过年，而对方此时只有一句"哦，好的，那再见"结束了通话时，你心有何感？是否对该银行的印象一落千丈？

换个角度，如果今天老家银行给你打电话时是这样说的："×先生，我们银行最近搞了一个量血压、测血糖的活动，你老爸也来参加了，他表现得非常活跃，我们还给他拍了不少照片和视频，做了一个个人专辑短视频，我一会发给你。"快一年没见亲人的你，会不会被他戳中内心最柔软的部分？而这段话的目标导向是——我要加你微信。此时的你应该不但不反感，还特愿意。

最后要强调，建立社群才是营销的开始。为了不让社群变成僵尸群，可以不间断地在其中发布一些银行举办的活动照片、视频，目的就是线上线下联动，与客户的关系更进一步。

线上沙龙的有效开展

线上沙龙可以理解为厅堂沙龙的线上化。实践证明，通过线上沙龙直接引导成交金融产品的概率不高，但是可以通过线上平台，如社群、直播间将我们的产品、福利、资讯、知识等传递给客户，增加客户黏性，让用户从认识你、认知你发展到认准你。

一场线上沙龙的有效开展，离不开图8-5所示的4个步骤。

图 8-5　线上沙龙的 4 个步骤

1. 沙龙主题：聚焦热点和客户当下刚需

每一次沙龙都针对什么样的人群开展？需要达到怎样的目的？据此匹配什么样的主题？通常我们从非金融服务和金融的知识传播两大板块来进行选题，但无论是哪个板块都要基于消费者最近关心的问题展开，比如"央行再次下调基准利率2.5个百分点，对于普通人意味着什么？""三分钟化妆速成，你确定不学一学？"等。

最高级的沙龙策划者一定不是为一场沙龙而来的，而是做系列沙龙。

表8-2是一个银行厅堂和周边商圈系列沙龙活动的示例，你可以根据实际需求进行调整和扩展。

表 8-2 银行厅堂和周边商圈系列沙龙活动示例

活动主题	目标客户/受众	活动日期与时间	活动地点	主办方/执行方	活动内容概述	预期成果
理财知识讲座	周边商圈居民、银行客户	2023-05-15 19:00—21:00	银行厅堂/周边社区中心	银行理财部	分享理财技巧、投资策略及市场动态	提升客户理财意识,增强对银行理财产品的信任
企业融资交流会	周边中小企业主	2023-05-20 14:00—16:00	银行会议室	银行企业金融部	介绍企业融资政策、流程及成功案例	拓宽企业融资渠道,加强银行与中小企业的合作关系
跨境金融服务体验日	跨境业务潜在客户	2023-05-25 10:00—12:00	银行国际业务区	银行国际业务部	提供跨境支付、外汇兑换等体验服务,解答跨境金融疑问	提升跨境金融服务知名度,吸引潜在客户
个人信贷产品推介会	有贷款需求的个人客户	2023-05-30 14:00—16:00	银行信贷部区域	银行信贷部	介绍个人贷款产品、申请条件及流程	提高个人贷款产品的认知度,促进贷款业务增长
金融科技体验沙龙	对金融科技感兴趣的公众	2023-06-05 19:00—21:00	银行创新体验中心	银行金融科技部	展示移动支付、智能投顾等金融科技应用	增强公众对银行金融科技能力的认可,提升品牌形象
周边商圈商家交流会	周边商圈商家	2023-06-10 10:00—12:00	银行合作商户店铺/银行会议室	银行市场部	分享商圈发展动态、探讨合作机会	加强银行与周边商家的合作关系,共同发展
亲子财商教育讲座	周边家庭客户	2023-06-15 14:00—16:00	银行儿童财商教育区	银行客户服务部	教授儿童财商知识,提升家庭理财意识	增进家庭客户对银行的忠诚度,扩大银行品牌影响力

请注意，表 8-2 所示仅为示例，你可以根据银行的实际需求、客户特点和营销目标，调整活动主题、目标客户/受众、活动日期与时间、活动地点、主办方/执行方以及活动内容等。同时，预期成果也应根据实际情况进行设定，以衡量沙龙活动的效果和成效。此外，你还可以根据活动规模、预算等因素，考虑是否邀请外部嘉宾、合作伙伴或媒体参与，以提升活动的影响力和参与度。

2.沙龙形式：分享+互动，有趣又有料

沙龙要做到既有趣又有料，形式不可单调，切忌单方面输出，一定要让线上沙龙的倾听者加入，实现双向奔赴。通常需要通过知识有奖问答、图片及视频资料分享、小游戏互动来完成，更重要的是通过知识的传递让受众积极参与思考、踊跃提问和互动。比如，针对上述案例，可以在互动过程中抛出一份医保挑选指南，供沙龙参与者沉浸式学习。

3.客户邀约：线上线下齐发力

酒香也怕巷子深，沙龙开始前需要通过各种线上线下渠道进行宣传预热和邀约。此时用到的工具主要有企业微信与个人微信朋友圈、社群、个人微信一对一对话、短视频以及线下网点展示、合作推广等。

（1）线上宣传邀约有以下途径。

- ❑ **企业微信与个人微信朋友圈**。银行员工通过企业微信和个人微信朋友圈发布沙龙活动的相关信息，包括活动主题、时间、地点以及参与方式等。例如，某银行员工在朋友圈发布了一条关于"理财沙龙"的预告，详细介绍

了沙龙的内容、嘉宾以及预期收益,吸引了大量客户的关注和参与。

- **社群**。银行从业人员在微信群、QQ群等社群中发布沙龙活动的通知和宣传资料,邀请群内成员参加。例如,某银行员工在其客户社群中发布了一场关于"家庭财务规划"的沙龙活动通知,并提供了报名链接,方便客户快速报名。
- **个人微信一对一对话**。银行客户经理通过微信一对一对话的方式,向客户发送沙龙活动的邀请函和详细信息,进行个性化邀约。这种方式能够针对客户的具体需求和兴趣进行精准邀约,提高客户的参与度和满意度。
- **短视频**。银行利用短视频平台(如抖音、快手等)发布沙龙活动的宣传视频,吸引更多潜在客户的关注。例如,中国农业银行某地分行为了开展金融知识宣教普及,专门创作了一条沙龙视频,并在短视频平台上发布。该视频不仅普及了金融知识,还宣传了该行的沙龙活动,取得了良好的效果。

(2)线下宣传邀约有以下途径。

- **线下网点展示**。银行在网点内设置宣传展板、海报等,展示沙龙活动的相关信息和亮点。例如,某银行在其网点大厅内设置了一块关于"投资沙龙"的宣传展板,详细介绍了沙龙的主题、嘉宾以及报名方式等,吸引了过往客户的注意。
- **合作推广**。银行与公司合作伙伴共同推广活动,如在超市、商场等地方设置宣传展示板或分发传单。例如,某银行与当地一家大型购物中心合作,在购物中心内设置了宣传展台,向过往客户发放沙龙活动的宣传资料和邀请函。

下面给出的案例展示了银行在沙龙活动宣传邀约方面的多样性和创新性。通过线上线下相结合的方式，银行能够更有效地吸引客户的关注和参与，提升品牌形象和客户满意度。

- 某银行举办"想你相聚星巴巴月饼品尝会"活动。该活动通过线下写字楼展架进行宣传邀约，特别欢迎未婚人士参加，每人交费8元。活动现场除了品尝月饼外，还介绍了在售的健康保险产品。
- 某大型保险公司银保部举办"口红DIY沙龙"活动，该活动虽然名为"口红DIY沙龙"，但实际上是以女性客户为邀约对象，进行财富传承观念的普及和保险产品的推广。
- 某农商银行举办"厅堂微沙龙"活动，该银行利用厅堂阵地触达客户实现营销宣传，通过现场互动、有奖问答、发放折页等形式进行金融知识普及和普惠产品推广。

4. 沙龙跟进：客户全覆盖，内容同分享

沙龙的结束，才是触达客户的真正开始。最好的沙龙跟进，不是总盯着意向客户，而是全面覆盖出于各种原因没有参加沙龙的客户。我们可以将沙龙内容整理成图文手册，分享给入群和没有入群的所有客户。同时，我们还可以设置与沙龙内容有关的小测试题，结束后在群里设置互动抢答，答对有奖。值得注意的是，这里的题目一定要简单，目的就是调动客户参与进来。

> 【思考】
> 因为很多客户会有一些金融方面的困惑，因此我打算推出金融服务类线上系列沙龙活动，答疑解惑。活动主要涉及如下几个方面。

（1）基础知识系列。
A. 因不方便出门，存款到期如何处理？
B. 诈骗分子行骗，该如何应对？
C. 动动手指，在家就能办理的业务有哪些？
（2）理财系列。
A. 股市跌宕起伏，手里的理财产品该怎么办？
B. 新能源板块被看好，值得买吗？
C. 手上的理财都在亏，如何应对？
（3）保险系列。
A. 如果不幸得了比较特殊的病，社保可以报销吗？
B. 哪些保险产品可以为我们的生活保驾护航？
C. 保险都是骗人的？

思考：如果你是这场沙龙的策划者，你会如何设计朋友圈文案和海报？

裂变营销的"人传人"现象

裂变这个词起源于物理学中的裂变反应，是指通过一种方式使事物快速分裂并繁衍出更多的事物。这个概念在2000年左右被应用到商业领域。裂变营销又称病毒式营销，是指利用网络、社交媒体等数字平台进行产品或服务等的营销活动，利用现有用户去吸引新的用户，以达到"人传人"的现象。

裂变营销的模式和操作手段有很多，比如拼团、社交立减金、砍价、抽奖、分销、趣味游戏、接龙、集赞、投票、红包裂变等，当然，这些手段也可以组合运用。

近年来应用最为广泛的裂变营销模式为分享邀约模式，通过鼓励用户分享内容，使分享者和被分享者都得到实惠。比如，你在一些购物网站上分享产品链接，社交好友通过你分享的链接完成购买，双方都能得到一定的好处。自用省钱，分享赚钱。从早期的小米有品，到后来的瑞幸咖啡，大致都是这样的玩法。你还记得你的第一杯瑞幸咖啡是怎么购买的吗？是不是你的好友分享给你的？好友为什么分享并邀约你去下载瑞幸咖啡的 App 呢？因为下载瑞幸咖啡的 App 首杯咖啡免费，分享给好友后，好友完成下载安装，分享者与被分享者各免费得一杯咖啡。

裂变营销在金融行业的应用也有好几年了，最早可以追溯到互联网金融裂变营销。"××上可以借钱了，测测你的额度是多少？"2020 年 4 月 27 日，很多人的微信朋友圈被一张测额度的二维码海报霸屏。某金融产品是某银行推出的小额信贷产品，该产品采用邀请制，受邀用户可以在固定渠道看到相关标识，不同用户享有 500 元到 30 万元不等的授信额度。

为什么会被刷屏？凭什么有这么多人分享？我们来看看该金融产品裂变营销流程图，如图 8-6 所示。

这个活动原计划是从 2020 年 4 月 27 日—2020 年 5 月 15 日，但是在 4 月 28 日即被紧急叫停，其中原因值得金融行业思考。

我们首先要肯定该产品的裂变营销是金融产品在裂变营销领域的一次大胆尝试，那么该产品为什么首次试水就触礁？除了因为同时在线操作人数过多导致系统多次宕机之外，主要原因是推广模式涉嫌诱导分享。事实上，"道路是曲折的，前途是光明的"，类似的裂变营销实际操作都值得我们深入研究。当然，前提是合法合规。

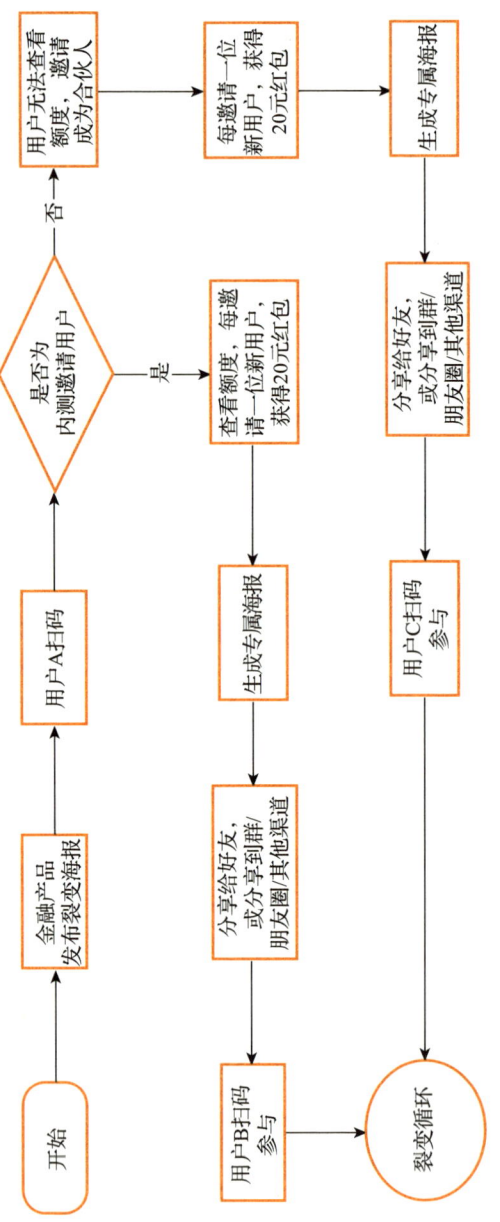

图 8-6 某金融产品裂变营销流程图

说到裂变营销，我们就不得不提"上瘾模型"，该模型出自在美国斯坦福大学任教的尼尔·埃亚尔（Nir Eyal）在 2017 年发布的新书《上瘾：让用户养成使用习惯的四大产品逻辑》，书中总结梳理了互联网产品设计背后的原理，埃亚尔把这个原理称为"上瘾模型"。

上瘾模型又称 HOOK 模型（见图 8-7），主要用来分析如何让用户对产品"上瘾"，也就是说让用户养成使用习惯，包括触发（Trigger）、行动（Action）、多变的酬赏（Reward）、投入（Investment）。

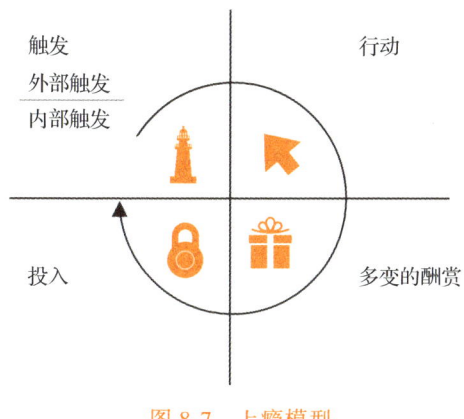

图 8-7　上瘾模型

1. 触发

触发，是促使用户做出某种举动的诱因，是提醒用户采取行动的一种提醒、暗示，一般分为外部触发和内部触发。外部触发通常需要"看得见"的载体，比如一个醒目的按钮、一个浮动的弹窗、一张亮眼的海报、一条有趣的短视频。内部触发看不见、听不到、摸不着，但它会自动出现在你的脑海中，主要是一种情绪的唤醒，如痛苦、快乐、紧张、怕输、不服等，既可能是正面的又可能是负面的。

2. 行动

行动是用户在使用产品或参加活动的过程中，期待酬赏的直接反应。要使人们行动起来，需要具备3个要素：充分的动机、完成这一行动的能力、促使人们付诸行动的触发。

3. 多变的酬赏

酬赏是用户使用产品或体验服务的目的，多变的酬赏能够从多维度刺激用户，让他们对产品或服务长期保持兴趣。多变的酬赏通常包括3种：社交酬赏、猎物酬赏、自我酬赏。社交酬赏是指用户在使用产品或体验服务的过程中通过与他人互动产生的人际奖励；猎物酬赏是指用户从产品或服务中获得的具体资源，即信息；自我酬赏是指用户从产品和服务中体验到的成就感、操控感等情绪奖励。

4. 投入

这里所说的投入，指的不是我们的投入，而是让用户的投入。用户的点滴投入都能增加用户对产品或服务的好感，提升用户忠诚度。投入往往体现在用户行为上，如用户主动转发朋友圈、主动分享邀约等。如果用户对一款产品或一场活动本身投入了时间和精力，那么无形中就提高了用户流失的门槛。

上瘾模型本身是一套理论，理论来源于实践，同时也要付诸实践。

> 【案例】
>
> "浪漫情人节，闯关赢口红。"为推广绑卡支付业务，中国银行某地分行通过微信公众号开设情人节活动专区，将线下的"口红机"搬到了线上，效果非常好。

具体参与步骤如下。

（1）从中国银行微信公众号—菜单栏"我的"—"情人节专享"活动入口进入。

（2）参与口红挑战赛，连闯三关，即可参与抽奖，100%中奖，更有100支大牌爆款口红赠送。

具体活动规则如下。

（1）本次活动所有用户均可参与，奖品仅限中国银行手机银行用户领取。

（2）活动期间，每名用户进入活动页面后共有3次口红挑战机会，挑战失败后可将活动链接分享至好友或朋友圈后可额外获得一次机会，每分享一次均可额外获得一次挑战机会。

（3）活动期间，用户中奖后如对奖品不满意可支付0.01元重新进行抽奖并更换奖品。

（4）本活动挑战成功后100%中奖，活动奖品数量有限，先到先得。

1）参与活动所获得的电子奖品将在中奖后实时发放，用户可在"我的奖品"中查看兑换码，用户需要前往手机银行"礼豫商城"进行兑换。

2）获得话费的用户，话费将在5～10分钟内充值到参与活动填写的手机号。注意，话费充值的手机号以用户中奖后填写的手机号为准。

（5）活动期间仅限中国银行手机银行用户参与，挑战成功的用户支付0.01元时需要明确提示用户奖品仅限中国银行用户兑换，若用户支付0.01元后未能兑换奖品，支付的费用将无法退款。

（6）活动期间禁止使用任何插件、外挂，对于非正常手段参与抽奖的用户，我行有权取消其参加活动及中奖的资格。

（7）凡参与活动的客户，即视为接受所有规则，在法律范围内的最终解释权归中国银行所有。

分析："闯关赢口红"是一次借助节日节点进行裂变营销的优秀案例，其中每一个步骤都科学应用了"上瘾模型"，如图8-8所示。

触发		行动
外部触发	1. 海报引导关注公众号 2. 公众号推文直接参与	1. 点击参与口红挑战赛 2. 若机会耗尽，可通过分享链接至微信好友或朋友圈获得一次挑战机会，分享次数不等 3. 若对自己第一次中奖结果不满意，可自愿选择支付0.01元重新抽奖，每名用户限一次重抽机会
内部触发	怕失去、占便宜、挑战欲 参与挑战免费得大牌口红	
	分享至微信好友或朋友圈	1. 连闯三关100%中奖 2. 分享后可获得一次挑战机会 3. 支付0.01元可重新抽奖
投入		多变的酬赏

图8-8 "闯关赢口红"上瘾模型

思考：请以"家装"场景为例，利用上瘾模型设计一场营销活动。

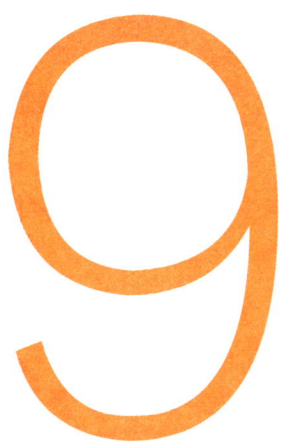

第 9 章 CHAPTER

场景化获客工具

在互联网蓬勃发展的当下,在竞争激烈的金融行业中,获得优质客户资源对银行来说至关重要。但传统的市场推广手段往往收效甚微,难以满足银行获取优质客户的需求。银行需要拓展单一的获客路径,得到更多获客方式。如何通过场景来连接客户、新增客户呢?本章重点介绍当下普遍使用的场景化获客工具。

第 1 节 腾讯生态系统的工具应用

个人微信、公众号、社群、小程序、视频号、企业微信等都是我们场景化获客常用的工具,而它们有一个共性——同属于腾讯生态系统。所以说,要做好场景化获客,我们首先应该掌握腾讯生态系统的工具。

银行数字化转型的"最后一公里"是社交

在商业板块中，实现从线上走到线下，尤其是基于场景化营销的互联网平台从线上走到线下，就是为了弥补物流"最后一公里"的短板。比如线下京东便利店的开设打通了零售边界，实现了多场景布局和应用，扩大了运营范围。在社会治理板块中，"最后一公里"在社区、乡村，而对"最后一公里"管理是否精细，直接关系到老百姓的获得感。如今，很多地方都在积极探索智能化社会管理变革，打造智慧社区和智慧乡村，通过数字化赋能、精细化服务来健全城乡社区治理体系。

其实，我们可以将"最后一公里"简单理解为触达客户产生结果的重要时刻，也可以理解为我们前文中提到的"关键时刻"。

在数字化转型的大浪潮中，很多银行在自身的数字系统中积累了大量的数据，但很多数据处于"休眠"状态。再"热乎"的数据如果得不到及时分析和运用，就会造成数据资产的浪费。本质上，依靠数据不能解决实际业务问题，那么银行数字化转型的"最后一公里"就不会打通。那么银行数字化转型的"最后一公里"到底是什么呢？银行数字化转型的"最后一公里"是社交。

这里所说的"社交"实际上是一种狭义的"社交"，是手机背后的受众和银行数字化平台信息内容发布之间的平台。也就是说，在一个"人人玩手机"的时代，手机上的各种社交软件和人们对于社交的天然需求成为连通甲乙双方的管道。目前常用的社交平台有微信、微博、抖音、快手、小红书、知乎、哔哩哔哩等。

我们来看这样一个场景：现年63岁的留守老年人张大叔和许多同龄人一样，这两年迷恋上了刷抖音视频。有一天午饭后，张大叔和往常一样躺在摇椅上刷手机，看到某金融机构保险产品业务与抖音官方合作，基于客户画像（男性、60岁以上、高血压、退休职工、子女在外地等）精准推送的一条短视频，内容大概是"人到了一定的岁数，儿女又不在身边，自己才是身体健康和财富保值的第一负责人，您需要给自己一份保障。只需要点击左下角'查看详情'填写资料后在线支付9.9元即可锁定名额"。

由此我们可以看到，在数据整合、分析、应用的基础上，真正有助于精准触达客户的是"社交"。

"线下业务线上化、线上业务移动化"，这是很多金融机构提出的口号，但真正从口号走到实践，还有很长的一段路要走。宁波银行作为数字化转型的先行者，在该行关于数字化转型的报道中有一段话令我深以为然："不谋万世者，不足谋一时；不谋全局者，不足谋一域。战略不是为争一城一地的得失而谋划的，而是为了全局统筹规划，系统部署的。"

个人微信 IP 与朋友圈打造

每次提及个人微信 IP 与朋友圈打造的话题，我都有些"懒得说"，因为这是一个"很久远"的问题，但又不得不说，因为这又是一个"恒久远"的问题。很多银行一线工作人员对这个问题并没有重视起来。很多年前我就在强调个人微信 IP 与朋友圈打造的重要性。因为微信是国内第一大通信工具，如今，支行行长、客户经理的手机上可能没有客户的手机号码，但一定有他的微信。所以，个人微信是在线上与客户交互的第一视角，它就是你的"形象代言"。

假设在某种情况下你加了一位客户的微信，如果你对该客户和相应业务足够重视，那么在合适的时间，你一定会去看一看该客户的微信，让自己对该客户有一个初步的了解。你会看一看对方的昵称、头像、封面、个性签名和朋友圈内容，换言之，客户也可能翻看你的微信。如果你的微信呈现的是非职业化的头像、无序的昵称标识与碎片化的动态信息等内容，试问客户对你的第一印象会是什么？事实上，这会让我们失去客户在第一时间了解我们的机会。

有人说，个人微信就要张扬个性，"我的微信我做主"。但你如果是在一线营销岗位上的小伙伴，那么还真没有资格这么说，除非你能有让客户更直观了解你的渠道。换句话说就是，你的知名度以及你的个人魅力已经达到家喻户晓、妇孺皆知的程度，或你的产品和服务已经成为市场的唯一选择。

从人性出发，先利他再利己。下面我基于个人微信 IP 与朋友圈打造五件套——昵称、头像、个性签名、朋友圈封面和朋友圈内容来阐述如何为自己"立人设"。

1. 昵称

昵称就是你的微信名，是客户添加你为好友之后不需要花时间备注、一目了然且方便记忆的名字。昵称是你的超级符号。拥有一个好的昵称是当客户有一天需要金融产品和服务时，在"通讯录"搜关键词"银行"就能在第一时间找到你，并点进你的微信和你聊天的必要条件。

所以，昵称需要简单、直接，最好的营销型个人微信昵称就是告诉客户你是"××银行客户经理×××""××银行网络金融部×××"等。非营销性质的个人号昵称可以有很多个性成分，但营销性质的个人号昵称就需要结合平常人第一反应的相关关键词（如"银行"）来确定。

另外需要注意，这几种情况要尽量避免：使用生僻字、中文夹杂英文、名字中间加图案、名字太长（通常不要超过8个字）、名字前面加"A"、名字后面加手机号码或工号等。

微信昵称，主要体现你是谁、你是干什么的、你有没有专业性，解决了这三个问题足矣。

2. 头像

对于营销属性的个人微信头像而言，宗旨只有一个——与工作和职业相关，可以是专业的形象照、可以是工作场景照，目的就是要让客户"所见即所得"，一眼就看出你的工作性质和专业身份。

需要注意的是，切忌使用动物、山水画、符号等无法第一时间鉴别你身份的图片作为头像。

3. 个性签名

打开个人微信主页就可以直观地看到该用户的个性签名。作为营销属性的个人微信，个性签名可以是职业说明、专业介绍、座右铭、金句、正能量文字等。

个性签名切记不要加手机号，跟微信昵称不要加手机号的道理一样，因为它根本无法被一键点击触达后拨通。需要电话联系可以通过微信语音实现，也可以在微信对话框中发送手机号之后拨打。

另外需要注意的是，个性签名尽量不使用标点符号以及负能量的文字。

4.朋友圈封面

朋友圈封面要与昵称、头像、个性签名保持一致,可以加上单位元素、职业元素等。

关于封面图片的制作,可以使用一些常用的制图软件来完成。比如,稿定设计、图怪兽、创客贴等,选择"朋友圈封面"设计按钮中的海量模板,按需替换即可。

5.朋友圈内容

"输出价值"是朋友圈的使命。朋友圈内容需要做到"有趣、有料、有血、有肉、有灵魂、有香气",客户要看到的是一个有温度的真实的人,而不是一个只会发广告的冷冰冰的机器。同时,每天朋友圈的发布频次也要注意,一般建议每天最多不超过3条,但每天都要在客户的视线里面"露露脸"。

人设要想立体,朋友圈发布的内容至关重要。要有专业知识分析、产品介绍、活动宣传、热点解读,更要有上映中电影的评论、周末的聚会、亲子的陪伴、游玩的攻略等。

人设要想鲜活,朋友圈内容的发布形式至关重要。转发公众号文章、分享视频号内容、转发直播间、分享海报图片及文案。文案、海报和短视频是目前主流的自我创作的形式和载体,这也是我比较鼓励一线人员出镜录制短视频的重要原因。

企业微信是各家银行的必争之地

如果说个人微信的主要作用体现在社交上,那么企业微信的主要作用体现在管理上。企业微信是一个非常重要的私域流量沉淀工具,是客户精细化管理和精准化营销的重要工具。

- "我们已经有个人微信了,为什么还要让客户加我们的企业微信?"
- "客户和我们一样,使用习惯都在个人微信上。"
- "我们的营销任务已经很重了,为什么还要考核企业微信添加数量?"
- "个人微信不是一样可以打标签吗,为什么非要用企业微信?"

……

如果今天我们一味考核企业微信添加数,无疑是在本就繁重的各项任务指标上又增加了一项指标,既增加了员工的工作负担,又打击了员工的工作热情。这种"一加了之"的做法不可取,但依然有不少企业这样做,究其原因,是没有搞懂企业微信的管理工具属性和实际价值,也就是说没有搞清楚企业微信对银行实际业务的好处。

为什么说企业微信是各家银行的必争之地?至少有如下4个理由。

1. 品牌背书,增加信任

个人微信添加客户往往需要一些信任基础,而企业微信带有官方标识,能减少客户因为防范意识产生的添加顾虑。比如在电话营销结束时,客户经理往往会向客户提出添加微信的诉求:"张先生,您看我添加一下您的微信可以吗?"大多数情况下,客户出于种种原因的考虑,都会持否定态度。其中有一个重要原因是客户觉得我们之间还没有那么熟,加微信有被侵犯隐私的风险。但如果我们告知客户:"我将用企业官方微信添加您的微信,您放心,我们看不到您的朋友圈和个人信息,但是我们有任何最新账户变动和利率调整信息,都会通过企业微信发送给您……"

这时客户一般不会拒绝。

企业微信支持个人名片的展示，客户添加客户经理企业微信时，首先会展示企业微信的个人 IP，比如姓名、职务、电话、邮箱、产品云名牌以及画册等。如果你觉得个人微信不适合用来做营销宣传，那么企业微信将成为你最重要的触达渠道。

2. 客户管理，海量添加

大多数个人微信的添加上限是 5000 人，少数可以增加到 10 000 人。事实上，即便你的个人微信添加了 10 000 个好友也未必是件好事，人数多了维护的工作量也会增加。同时，5000 个好友之外的"好友"，只有仅聊天的权限，会有相当一部分好友的朋友圈内容看不到。当微信好友超过 3000 个时，平时不活跃的好友，将在朋友圈被限流。但是，经过认证的企业微信号，可以添加 50 000 个好友，当超过 50 000 个好友时还可以申请扩容。

假设我们通过商圈直播导流至微信群，比如："扫码加入××银行粉丝福利群，通过绑定我行的卡支付可以享受八五折优惠……"我们知道微信群是用来沉淀私域流量的，那么这个粉丝福利群是选择个人微信群还是企业微信群呢？一个个人微信群扫码进入的人数上限是 200 人，最高容纳人数是 500 人，另外 300 人是需要通过熟人拉进群的。现实中拉人进来的概率很小，也就是说一个个人微信群通常就只有 200 人。那直播间有意向扫码进群的第 201 个人怎么办？唯一的解决方案就是再拉一个群，把 2 群的二维码再贴出来。但这样做十分麻烦。企业微信群的活码技术在这个时候就变成"香饽饽"了，只需要一个二维码，第 201 个人会被自动分配到"粉丝福利 2 群"中，第 401 个人会被自动分配到"粉丝福利 3 群"中，1 个码最多可以裂变 5 个群。

3. 分层打标签，精准运营

我们在咨询项目上，通常会在夕会时考核当天企业微信添加的两个指标，一是添加数量，二是达标率。只添加，不打标签，就是在浪费所有人的精力和时间。打标签是为了给客户做分层，从而实现精准维护和营销。

企业微信的标签库里起码有 200 多个标签，银行从业人员常用的也有七八十个，图 9-1 所示为企业标签范例。

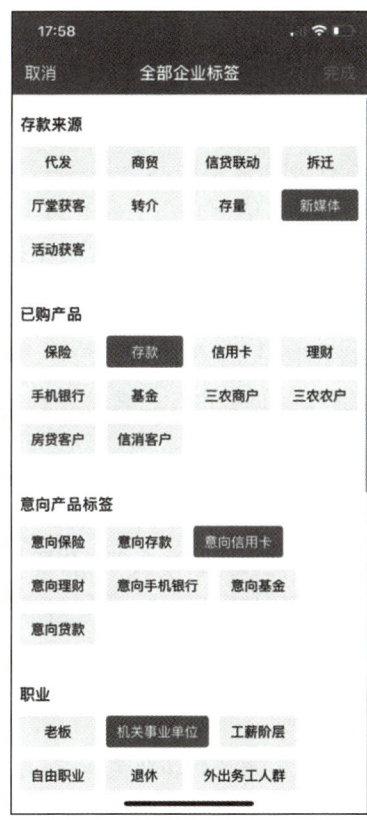

图 9-1　企业标签范例

各家银行对于企业微信的组织结构管理和分工略有不同，有的是由超级管理员收集一线员工反馈的标签入库，有的是由一线员工自己来完成标签，有的是由总行或省分行层级统一设置标签。

借助标签，银行可以更好地记录客户信息和需求，不断完善客户画像。然后，根据客户画像，在对的时间，给对的客户，推荐对的产品或服务，从而降低无差别营销对客户的打扰。这种更加精细化的服务，让客户更加满意，可提升转化率。合理的标签体系能够帮助银行找到精准客户需求，降低营销成本。

4. 节约时间，提升效率

假设，针对我行近期热销产品之一——"公务无忧"信用卡，客户经理王某踊跃出镜录制相关产品和活动介绍的短视频，呈现效果不错。于是，分行领导要求该作品上传至视频号，分行全员进行转发。有没有转发？什么时候转发？转发朋友圈统一配置的文案有没有执行到位？客户的反馈如何？如果通过个人微信下达任务，一来增加了管理成本，二来浪费了一线人员的时间。

如果是企业微信运营体系成熟的银行，通常会采用的操作有：短视频经过领导审核没有问题后，由管理员上传企业微信"素材库"，然后选择标签为"公务员""公职贷存量"等的客户进行"群发"，一线人员只需要点击"确认群发"即可。对精准人群进行精准产品信息推送，不会对其他画像客户形成打扰，同时减轻了一线人员的工作压力，提升了工作效率。

客户的问题比较多，尤其是涉及银行的产品时，因为这类产品覆盖面广、体量大。客户经常会在遇到利率调整、产品问题、活动操作等时，通过微信向客户经理进行询问和求助，而繁重的工作安排使得客户经理往往不能及时回复，或者看到了问题但没时间打那么多字来回复，从而降低了客户服务体验。

企业微信的快速回复功能，支持将某一场景中频繁使用的话术和问题作为知识库导入，当客户就某一场景提问时，企业微信可以直接从素材库里选择相对应的内容进行回复。

微信公众号依然是全网最大的图文传播载体

微信公众平台的标语是"再小的个体，也有自己的品牌"。

近年来，微信公众号文章的打开率在走低，甚至和热门的短视频平台在热度上有着天壤之别。扪心自问，每天打开微信看到那么多公众号推文提示的小红点，你还会像很多年前那样一篇一篇地点开阅读吗？过去动不动就10万多次阅读量的账号如今也越来越冷。究其原因有二：一是人们的阅读习惯和媒介均发生迁移；二是短视频和直播更加省时聚焦。

面对繁忙的工作生活和碎片化的阅读习惯，一篇5分钟读完的文章和一个30秒看完的短视频，很显然后者更具竞争力。

但微信公众号依然是腾讯生态系统的重要组成部分，除了"官宣"作用外，它还承担着很多品牌宣传、活动流量入口的关键作用。前文提到的场景化活动，就有很多利用微信公众号来进行流量切入的例子。比如，针对亲子类客群做"少儿征文大赛"，利用微信公众号投票功能，实现微信群、朋友圈的分享传播；针对年轻客群在情人节做"闯关赢口红"活动，将微信公众号作为流量入口，使年轻客群点击进入微信公众号"情人节专区"参与活动。

迄今为止，图文依然是广义上信息传播效率最高的载体，通过信息的编辑，图文不但比视频更高效，且更加方便。比如，我们需要对某款线上贷款产品进行宣传，并引导客户扫码测额度或留资，就可以在微信公众号图文末尾贴二维码，用户一键扫描就可测额度或填表单。而如果是短视频末尾粘贴二维码，很显然用户必须截图后才可以扫码，增加步骤的过程其实就是在流失潜在客户的过程。

抖音也可以发图文，但为什么不能像微信公众号一样被广泛应用呢？原因还是社交。个人微信、公众号、社群、小程序、视频号、企业微信构成了腾讯生态系统的重要工具架构，从内容的形成到分享传播，再到裂变转化，可谓一气呵成。

第 2 节　短视频 + 直播

为什么有些人发的作品能一夜爆火，涨粉数万？为什么有些人的作品创意新颖，引来无数点赞和好评？为什么有些人的直播间火爆，商品上架即被抢空？"短视频 + 直播"运营看起来是人人都会的简单活儿，但是想要真正把它做好、做精并不容易。

抖音可以做，视频号必须做

"刷抖音"成为很多客户日常生活的组成部分，抖音也已经成为短视频的代名词。抖音的总用户数量已经超过 8 亿个，日活跃用户超过 7 亿人，人均单日使用时长超过 2 小时。通过算法机制将用户喜欢看的内容送入用户视线，占领用户时长。用户在抖音停留下来的时间大多用于娱乐和消遣，抖音改变了很多人的习惯，甚至很多人已经对抖音的搜索产生了依赖——遇事不决问抖音。没错，抖音已经成为很多人的搜索引擎。

微信视频号近年来发展迅速，背靠腾讯这棵大树成长起来。如今的视频号日活跃用户也突破了 5 亿人，人均单日使用时长超过 1 小时。视频号商业化组件在 2023 年优化完毕，包括信息流、直播打赏、电商等。

对于银行业而言，创作完成的作品是选择上传抖音还是视频号呢？换言之，银行是要着力打造抖音账号，还是视频号？

青岛某银行抖音粉丝量有 30 万左右，这在区域性中小银行中算是很不错的粉丝积累量了，但我们思考一个问题，这 30 万个粉丝是青岛本地的，还是全国各地的？显然，抖音平台的粉丝是全国各地的。但是监管部门有要求，银行业务必须属地化，也就是说只能做本地客户业务。这就说明，今天的社交新媒体平台的玩法本身和银行业的监管要求是有相悖之处的。

基于这几年各地区各家银行的实践总结，我们得出的结论是——抖音可以做，视频号必须做。

为什么"抖音可以做"？是因为在本地每天有很多人在刷抖音，所以我们要将本行的产品、服务、活动、推介等推送到本地老百姓的手机上，进入他们的视野里。

为什么"视频号必须做"？视频号寄身于腾讯生态系统，同时又深度绑定熟人社交，因此可以通过点赞提升曝光率，通过转发和邀约拓展本地流量。更重要的是，抖音对金融行业不够包容，无论是短视频还是直播，稍不留神就容易触发敏感词汇限制。

近年来，各家银行也诞生了很多"网红"，无论是拍短视频还是做直播，都是一把好手。

下面来讲讲银行短视频的选题策划方向和基本操作流程。

适合银行的八大短视频选题类型分别是知识讲解类、手机银行类、网点服务类、柜台办理类、个人才艺类、业务外拓类、探店打卡类、情景剧类。

银行既要立足自身需要策划选题，还要考虑人员分工问题。谁来构思脚本？谁来负责拍摄？谁来负责后期制作？谁来出镜演绎？通常人员分工是相对固定的，根据剧情需要增减的人员除外。

虽说"工欲善其事，必先利其器"，但短视频的拍摄往往会出现"差生文具多"的现象，一顿操作猛如虎，一看作品不靠谱。其实拍摄的硬件设施并不复杂，基本器材包括手机、耳麦、补光灯等。

硬件设施是花钱就可以买回来的，但包含拍摄和剪辑技巧在内的"软件"部分是需要经过系统学习才能得到的。在拍摄过程中，我们要注意构图和运镜技巧，要熟知"远、全、中、近、特"五大构图技巧，要掌握"推、拉、摇、移、跟、升、降、甩"八大运镜技巧，并能将它们整合运用。

在后期剪辑制作方面，市面上常见的 Premiere、After Effects、剪映等软件均可使用。

小红书、B 站究竟适合什么样的银行使用？

之所以将小红书和 B 站（哔哩哔哩、bilibili）这两个平台放在一起讲，是因为这两大平台的目标客群都是年轻人，这也是银行年轻客群线上聚集的重要阵地。

2024 年年初，小红书举办"万物皆可种草"2024WILL 商业大会，让很多从业人员看见了小红书的商业化发展潜力。数据显示，小红书月活跃用户数量已经达到 2.6 亿，男女用户比例为 3∶7，70% 的小红书月活跃用户有搜索行为，每月有 1.2 亿名用户在小红书上寻求购买建议。

换言之，如今的小红书已经成为许多年轻人，尤其是年轻女性种草和拔草的基地。比较遗憾的是，银行业对小红书进行运营的非常少。我们在小红书上搜索关键词"银行"后发现，粉丝过 10 万个的只有招商银行一家，粉丝过万个的账号加起来不超过 10 家。希望将来会有更多的银行人在小红书平台开设账号，以"笔记"的方式与年轻人进行交互。

B 站从诞生之日起就被贴上了年轻的标签，围绕动漫、二次元等主题，当年的"90 后"成为 B 站的精准目标人群。在 2023 年的第三季度，B 站日均活跃用户首次突破 1 亿名。当年的"90 后"现在大多都已成家立业，如今的 B 站也已经成长为"学习型"平台。

同样是在 2024 年年初，B 站在上海举办 2024 AD TALK 营销伙伴大会。B 站副董事长兼 COO 李旎表示："深度营销消费心智是 B 站商业化的基石，也是 B 站独一无二的、没有任何平台可以取代的价值。"B 站作为年轻人密度最高的互联网社区，进驻 B 站就是在把握新消费力和新消费增量，是在把握现在及未来。

关于年轻客群的特征，我们在前文中有详细描述，但归根结底，年轻人需要的是被理解、有共鸣。"月入 5000 如何理财？""3 招教你摆脱职场内耗""8 个存钱小妙招"，用这些与当下年轻人息息相关且颇具吸引力的话题，实现从"种草"到"拔草"。这个"草"是你的产品，更是你的人设。

比如，对于家装分期贷类的产品，可以利用我们之前说到的存量客户做深、做透和金融生态场景搭建的原理，联合家装产业链上下游的企业，从家装技能和避坑攻略入手，开设账号发布各类装修技巧及避坑指南等内容。在人设建立和内容输出的过程中，植入家装分期贷产品。一手维护B端商户，一手对接C端消费者，可谓一举两得。

小红书、B站适合什么样的银行使用？答案是——需要针对年轻客群做营销的所有银行。

"321上链接"为什么不适合银行？

"宝宝们，准备好了吗？321上链接……"从早期的电商头部主播开始，这类直播间口号令广大网友振奋，因为每当这时就意味着要拼网速和手速了。

主播喊"321上链接"的时候真的很爽，但为什么不适合银行？原因有以下两点。

1. 直播吸引力不大

大多数银行没有自己的直播平台，第三方平台需要投入不少成本才能完成上链接的动作。事实上，在直播间一味兜售金融产品的直播间是很少有人看的。"321上链接，结果抢了一身债"，这是某股份制银行信用卡中心直播间评论区里的一条弹幕留言。从2022年左右开始，全网有10家左右的银行加入了直播带"钱"的大军中。"只要您年满20周岁，有稳定工作，就可以点击我们下方小黄车1号链接，申请我行信用卡"，主播非常卖力地吆喝着，不遗余力地介绍着信用卡的申请资质要求、流程以及优惠福利，但在线人数始终只有十几个，这十几个人也许还有不少"家人们"。

2. 经营范围及监管的限制

近年来，银行操作的以"助农助企""知识讲解"等为主题的直播间会比较吸引人，但是因为银行营业执照经营许可范围不包含非金融产品，加之银行账户每一分钱进出都需要接受严格监管，导致无法完成后台审核，也就没有办法上产品链接。当然，这个问题有部分银行通过与第三方商贸公司的合作完美解决了。

所以，银行日常采用的方式多为扫码加入粉丝群或者私信主播，完成直播间从线上到线下的引流。

防范金融直播的六大问题

"直播间销售信用卡及贷款等金融产品是否合法合规？"很多银行从业者和消费者都有类似的疑问。

2023年7月，监管部门下发了《关于开展网络直播销售情况调研的通知》，调研7个方面的内容：自2021年以来银行通过官方渠道开展直播销售的次数；通过直播销售的产品所属业务种类（如开卡、个人贷款、理财等）；直播平台名称；直播销售涉及的业务办理流程、客户资质审核等风险管理措施；投诉纠纷；是否有无资质主体开展直播；直播模式较传统模式的优势及困难。显然，监管部门现阶段也无法就金融产品直播带货给予明确的指令，任何新生事物的发展都需要一个过程，尤其是深耕发展和把控风险并重的银行业。

这里我们从2020年原中国银保监会发布的《关于防范金融直播营销有关风险的提示》中提炼出金融直播的六大问题。

（1）无资质主体鱼目混珠。

(2)直播平台信息设置混乱。
(3)非专业人士误导或欺骗。
(4)虚假或夸大宣传。
(5)偷换概念简单比价。
(6)信息披露风险告知缺位。

第3节 大模型工具

随着AI时代的来临,许多银行近年来也在积极探索和开展AI中台项目建设,这让数据治理、建模开发、模型管理、AI能力纳管、编排与管理监控等能力都有较为显著的提升。以AI中台为基础,各家银行在客户营销、反欺诈与风险管控、运营管理等业务场景中,开发了一系列满足数字化、智能化的AI应用。

AI技术在银行实践中的局限

AI在银行一线工作中得到真正应用还有很长一段路要走,原因主要集中在以下3个方面。

- **数据孤岛**。尤其是中小银行,各条线数据分散造成数据孤岛现象,导致数据的质量、数据加工时间成本和数据安全性都存在一定的问题。
- **厂商分散**。对AI的需求是摆在面前的,因此很多银行引入多家成熟的AI供应商,这导致AI分散在各个业务场景中。即便AI产品拥有多场景处理能力,部门之间也无法灵活复用和合理编排,使得符合业务特色的综合性和系统性的AI应用难以生成。

❑ **缺乏管理**。由于 AI 应用分散在行内多个系统中，很难在总行层面完成统一部署，同时缺乏运行监控和集中管理的有效手段，无法有效管控风险。

就现状而言，一线人员急需一些能够拿来即用的大模型工具。

AI 数字人技术

AI 数字人是指存在于非物理世界中，由计算机手段创造，具有多重人类特征（外貌特征、人类表演能力、交互能力等）的综合产物。虚拟数字人可以按人格象征和图形维度划分，也可以根据任务图形维度划分。人物形象模块、语音生成模块、动画生成模块、音视频合成显示模块、交互模块构成虚拟数字人通用系统框架。

从 2023 年开始，已经有一些金融机构尝试用 AI 数字人技术批量化生产短视频，取得了一定的成绩。

目前，市面上也有不少供应商可以提供金融场景下的 AI 数字人定制和驱动服务，如新华智云、科大讯飞、腾讯智影、KreadoAI 平台等。

AI 数字人定制包括形象动画和声音复刻，会让真人拍摄 2～5 分钟视频用于抽帧，为数字人模型训练提供样本。在安静环境下，录制 5～10 分钟真人朗读语音，用于声音复刻，即个性化 TTS（Text To Speech，文本—语音转换）定制。

数字人驱动包括文本驱动和声音驱动。文本驱动用于将文本转为语音，可使用通用 TTS 或个性化 TTS。文本驱动可加强情感文本结构化，即根据韵律等自然度要求对文本进行标注，提高数字人语音表达力，兼顾声画同步，即语音同数字人形象动画和数据可视化保持同步。

当下，AI数字人技术在金融业的运用人群主要分为三大类，具体见表9-1。

表9-1　AI数字人技术在金融业的运用人群

运用人群	功能
专业分析师、投资顾问、客户经理	快捷编辑，用于将最新财经热点、政策、产品、观点等内容简单输入后产出短视频。这也是目前应用最多的一类
运营人员	高级编辑，用于实现模板的修改、内容编辑或模板二次创作
前端开发及设计师、有开发能力的高级编辑	利用JSON编码器、节点编码器实现模板底层逻辑设定和定制效果、组件的开发

AI数字人技术的运用在一定程度上节约了一线人员的工作时间，提升了工作效率，但是在实时互动答疑等方面还需要进一步运用算法和模型来提升。

百度文心一言

文心一言是百度全新一代知识增强大模型，是文心大模型家族的新成员，能够与人对话互动、回答问题、协助创作，可高效便捷地帮助人们获取信息、知识和灵感。文心一言对数万计的数据和数千亿的知识进行融合学习，得到预训练大模型，并在此基础上采用了有监督精调、人类反馈强化学习、提示等技术，从而具备了知识增强、检索增强和对话增强等技术优势。

目前，文心一言已经具备了文学创作、商业文案创作、数理逻辑推算、中文理解、多模态生成这五大综合能力。

在文学创作方面，文心一言曾根据对话和问题对知名科幻小说《三体》的核心内容进行了总结，并提出了 5 个续写《三体》的建议角度，体现出对对话问题的理解、总结分析、内容创作生成的综合能力。

在商业文案创作方面，文心一言既能准确理解人类意图，又能清晰地表达相应观点，比如根据指令给公司起名、写口号、写新闻稿。

在数理逻辑推算方面，文心一言具备一定的思维能力，能够完成数学推演及逻辑推理等相对复杂的任务。面对"鸡兔同笼"这类锻炼人类逻辑思维的经典题，文心一言能理解题意，并能像学生一样，按照正确的步骤，一步步算出正确答案。

在中文理解方面，作为扎根于中国市场的大模型，文心一言具备先进的自然语言处理能力，在中文语言和中国文化上都有很好的表现。

在多模态生成方面，文心一言具备生成文本、图片、音频和视频的能力，甚至能够生成广东话、四川话等方言。例如，我在文心一言中询问"文心一言在银行业的运用"，它给出的答复如图 9-2 所示。

科大讯飞——讯飞星火

讯飞星火大模型集齐了多模交互、代码能力、文本生成、数学能力、语言理解、知识问答和逻辑推理七大能力。除了可以生成短视频脚本外，还可以生成朋友圈文案、PPT、节日祝福语、法律咨询内容、公文、商业文案等。

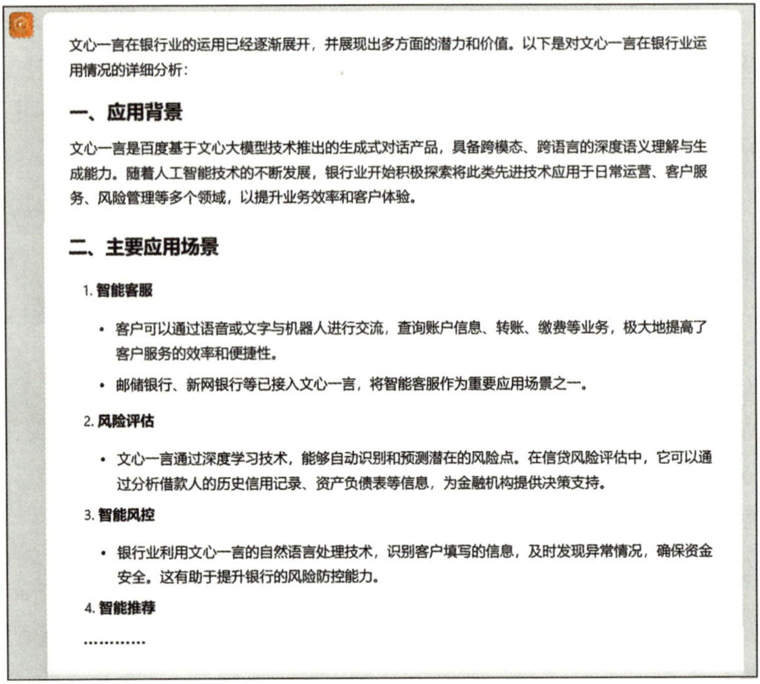

> 文心一言在银行业的运用已经逐渐展开，并展现出多方面的潜力和价值。以下是对文心一言在银行业运用情况的详细分析：
>
> **一、应用背景**
>
> 文心一言是百度基于文心大模型技术推出的生成式对话产品，具备跨模态、跨语言的深度语义理解与生成能力。随着人工智能技术的不断发展，银行业开始积极探索将此类先进技术应用于日常运营、客户服务、风险管理等多个领域，以提升业务效率和客户体验。
>
> **二、主要应用场景**
>
> 1. 智能客服
> - 客户可以通过语音或文字与机器人进行交流，查询账户信息、转账、缴费等业务，极大地提高了客户服务的效率和便捷性。
> - 邮储银行、新网银行等已接入文心一言，将智能客服作为重要应用场景之一。
>
> 2. 风险评估
> - 文心一言通过深度学习技术，能够自动识别和预测潜在的风险点。在信贷风险评估中，它可以通过分析借款人的历史信用记录、资产负债表等信息，为金融机构提供决策支持。
>
> 3. 智能风控
> - 银行业利用文心一言的自然语言处理技术，识别客户填写的信息，及时发现异常情况，确保资金安全。这有助于提升银行的风险防控能力。
>
> 4. 智能推荐
>
> ……

图 9-2　文心一言的答复

例如，在网页端打开"讯飞星火"，单击"短视频脚本助手"，输入你想要生成的短视频主题，比如"央行降准对于小微企业有哪些影响？"接下来，只需要 1 秒，你会看到 AI 生成的短视频脚本已经神奇般映入眼帘。

短视频脚本标题：央行降准，小微企业的"糖果"来了！

【开场场景】

镜头描述：画面出现繁忙的市区街景，随后镜头转向一家看起来温馨但略显冷清的小咖啡馆。

配音文字：（轻快的背景音乐起）"在这个忙碌的世界里，

每个小角落都有梦想在萌芽。但是，资金问题总是让小微企业主们头疼不已。"

【问题提出】

镜头描述：咖啡馆老板（角色A）看着账本，面露愁容。

配音文字：角色A："唉，要是有更多流动资金就好了，这样我就能进新货，扩大营业了。"

【解决方案揭晓】

镜头描述：突然，电视上播放新闻，宣布央行降准的消息。

配音文字：（新闻播报员声音）"央行宣布降准，释放长期资金支持实体经济，特别是对小微企业的支持力度加大。"

【影响解读】

镜头描述：角色A眼前一亮，拿出手机开始查询相关信息。

配音文字：旁白："那么，央行降准究竟为小微企业带来了哪些影响呢？"

【镜头切换】

镜头描述：分屏显示几个小微企业的场景，如手工作坊、书店、小吃店等。

配音文字：旁白："首先，降准意味着银行的资金成本降低，小微企业贷款更容易、利率也更优惠。"

【动画插入】

镜头描述：动画展示银行贷款流程，标注出利率下降。

配音文字：旁白："这样一来，像我们的咖啡馆老板一样，你可以用更低的成本借到钱，扩大经营不再是梦。"

【实际效果展示】

镜头描述：角色A在银行办理贷款手续，面带笑容。

配音文字：角色A："太棒了，我的贷款利率降低了，这下可以大胆地进货，还能装修一下店面！"

【结尾呼吁】

镜头描述：咖啡馆变得热闹起来，顾客络绎不绝。

配音文字：旁白："央行降准，不仅仅是金融政策，更是给小微企业送去的一颗'糖果'。在这个充满可能的时代，每一个小微企业都能抓住机会，绽放光彩。"

【结束语】

镜头描述：画面回到咖啡馆，角色A向镜头挥手。

配音文字：角色A："感谢央行，我们小微企业的未来更加光明了！"

【尾声】

镜头描述：画面渐变出文字："央行降准，小微企业的春天来了！"

配音文字：（轻快的背景音乐渐强）"记得关注我们，了解更多财经小知识。"

【结束】

镜头描述：画面淡出，结束短视频。

深度搜索——DeepSeek

如果说2024年是AI初步涉足银行业的元年，那么2025年春节，DeepSeek 横空出世进一步改写了历史，成就了大模型在银行业应用的一方霸业。

截至本章完稿时（2025 年 2 月 13 日中午 12 点），已经有 46 家金融机构宣布接入 DeepSeek 模型或完成本地化部署。其中，证券公司一马当先，银行、基金公司紧随其后。从银行业应用层面来看，出于安全合规的考虑，DeepSeek 目前多应用于流程效率的提升上。

以邮储银行为例，该行依托自有大模型"邮智"，本地部署并集成了 DeepSeek-V3 模型和轻量级 DeepSeek-R1 推理模型。"邮智"大模型通过引入并应用 DeepSeek，在复杂多模态、多任务处理、算力节约和效能提升等方面得到了增强。同时，邮储银行通过在"小邮助手"上应用 DeepSeek 大模型，实现多项功能性突破：新增逻辑推理功能，提升精准服务效能；通过深度分析功能更准确地识别用户需求，提供个性化和场景化服务方案；通过高效推理性能，提升响应速度和处理效率。

DeepSeek 降低了模型训练的硬件成本和模型能力的技术门槛，这将有力推动大模型应用的高速发展，尤其是区域性中小银行。

第 4 节　其他类工具

获客能力是一种综合性的获得市场的能力，除了上述介绍的场景化获客工具外，银行还可以从流程管控工具和实践、客户运营工具和方法、内容生成工具和策略 3 个方面构建银行与客户持续沟通的渠道。

流程管控工具和实践

银行场景化流程管控工具通常指的是运用于银行业的一系列管理与控制工具，它们帮助银行实现业务前后台分离、集中运营以及流程再造等，以提高效率并优化客户体验。以下是一些核心的流程管控工具和实践。

- **电子影像技术**：允许将纸质文档转换为数字格式，便于存储、检索和处理，是集中运营模式中不可或缺的部分。
- **工作流技术**：用于自动化处理常规业务流程，确保任务按照预定的顺序和规则流转，有助于减少手动操作的错误和提高效率。
- **客户数据资源整合**：借助先进的技术手段，银行能够重组业务流程，整合分散的客户数据，实现资源的共享和智能化分析，从而提供更精准的客户服务。
- **大数据分析**：利用大数据技术进行风险评估和管理，通过分析大量交易数据来识别潜在的风险点，为制定有效的风险管理策略提供支持。
- **云计算平台**：云服务提供了弹性的计算资源，可以帮助银行在需要时快速扩展服务能力，同时降低信息技术成本。
- **移动应用和自助服务终端**：为客户提供了随时随地访问银行服务的便利，减轻了网点的工作负担，提高了整体服务质量。
- **人工智能与机器学习**：用于提升客户服务效率，如通过聊天机器人自动回复客户咨询，或使用算法模型来预测客户需求和行为模式。
- **开放 API（应用程序接口）**：使第三方开发者能接入银行的系统和服务，推动金融服务的创新和多样化。

- **区块链技术**：在某些特定的场景中，比如跨境支付和合同执行，区块链提供了一种安全且不可篡改的记录方式。
- **合规性和安全性工具**：确保银行的所有操作都符合相关法律法规的要求，并且保护客户数据不受未授权访问的威胁。
- **渠道管理工具**：协助银行管理和优化各种服务渠道（包括网点、网上银行、手机银行等），提供一致和无缝的客户体验。

综上所述，这些工具和实践不仅提升了银行的运营效率，也加强了对风险的控制，并推动了银行业务的数字化转型。

客户运营工具和方法

银行场景化客户运营工具通常指的是帮助银行在特定场景中吸引和维护客户的一系列数字化手段和策略。以下是一些关键的客户运营工具和方法。

- **合作融入经营场景**：银行通过与不同行业或平台合作，将金融服务嵌入合作伙伴的经营活动中，以此来吸引和服务特定的客户群体。
- **数字化客户管理**：利用数据分析工具对客户行为进行分析，实现营销活动的精准化、场景化和个性化。这有助于银行针对不同客户的金融需求提供定制化的服务。
- **内容营销**：通过创造有价值的内容来吸引客户，如教育性文章、财务规划指南等，以此来建立品牌信任和权威。
- **社交媒体互动**：在社交媒体平台上与客户互动，通过分享有用的信息和参与对话来增强客户的参与感和忠诚度。
- **移动应用优化**：提升手机银行App的用户活跃度，通过增加对用户友好的功能和服务，使它成为用户日常生活中不可或缺的一部分。
- **全渠道营销**：整合线上线下渠道，提供无缝的客户服务体验，如线上预约、线下服务等。
- **品牌 IP 化**：建立具有特色的品牌形象，通过故事化的内容营销和场景化的广告宣传，加深客户对品牌的记忆。
- **个性化推荐**：根据客户的交易历史和偏好，提供个性化的产品推荐和服务。
- **忠诚度计划**：设计积分系统和奖励机制，鼓励客户进行更多的交易和长期合作。
- **智能化服务**：利用人工智能技术，如聊天机器人和智能客服，提高服务效率和客户满意度。
- **安全保护措施**：确保所有在线交易和客户数据的安全，增强客户对银行服务的信任。

综上所述，这些工具和方法能够帮助银行更好地理解和满足客户的需求，同时也能够提升银行的市场竞争力和客户忠诚度。

内容生成工具和策略

银行场景化内容生成工具通常指的是帮助银行在特定场景中创造有吸引力的营销内容的一系列数字化平台和策略。某些内容生成工具和策略能够帮助银行更好地与客户互动，提升客户活跃度和黏性。

具体来说，内容生成工具和策略可能包括以下几个方面。

- **客户数据分析**：通过客户画像、客户分层和客户定位，银行可以更准确地了解客户需求，从而生成更符合客户期望的个性化内容。
- **营销活动匹配**：利用场景化平台，如壹企通科技权益商城，银行可以匹配丰富的营销工具，使营销活动更具吸引力，增强客户活跃度和黏性。
- **场景化获客**：银行可以将账户或支付类业务融入特定的行业、平台或细分领域，通过线上或线下的营销活动连接客户的场景需求，为客户提供各类场景化服务。
- **社区化服务拓展**：与社区商超等进行深度合作，将金融工具和服务深度嵌入社区居民和商户的日常生活中，为银行拓展社区化服务提供场景。
- **内容创作与发布**：提供内容管理系统（CMS）和编辑工具，帮助银行快速生成和发布各种营销文案、视频、图像等内容。
- **交互式体验设计**：利用虚拟现实（VR）、增强现实（AR）等技术，创造沉浸式的交互体验，吸引客户参与。
- **反馈与优化**：通过收集用户反馈和行为数据，不断优化内容策略，提高转化率和用户满意度。
- **合规性管理**：确保所有生成的内容都符合相关法律法规和行业标准，避免潜在的法律风险。

综上所述，这些内容生成工具和策略不仅能够帮助银行提升营销效果，还能够提高客户对银行服务的满意度和忠诚度。随着金融科技的不断发展，银行场景化内容生成工具将更加智能化和个性化，以适应不断变化的市场需求和客户期望。

第 10 章 | CHAPTER

场景化获客团队搭建

移动互联网、大数据、人工智能重塑着金融机构的盈利模式,也深刻影响着金融生态场景的建设和发展。要搭建场景化获客团队,首先要了解现有管理模式面临的挑战,其次是掌握构建新型敏捷组织的策略。

第 1 节 现有管理模式面临的 4 项挑战

互联网是把"双刃剑",与多年来根深蒂固的传统业务模式相比,用户对于线上场景体验和服务质量更为重视。所以,在传统金融机构以科层制、职能制为核心的组织形态下,现有管理模式面临着以下 4 项挑战。

❏ **金融和非金融的融合**。随着金融科技(FinTech)的迅猛发展以及跨行业合作的增加，传统金融机构需要与非金融领域的科技公司、电子商务平台等合作或竞争。这要求管理模式能够适应跨界融合的趋势，整合不同领域的资源和能力，同时保持金融业务的核心原则和风险控制。
- **业务与科技的融合**。科技创新正在重塑金融服务的交付方式。从云计算、大数据到人工智能和区块链，技术的进步为金融业务提供了新的机遇。然而，这也要求管理者不仅要了解业务逻辑，还要对新技术有足够的认知，以便更好地决策和推动创新。
- **客群与生态的联动**。现代金融管理不再仅关注单一产品或服务，而是着眼于构建一个生态系统，提供一站式解决方案。客户群体的需求日益多样化，期望得到个性化、便捷的服务。因此，管理模式必须能够支持构建和维护广泛的合作伙伴网络，并通过数据分析深入了解客户需求，以实现客群与生态的有效联动。
- **需要短期与长期并重**。场景生态不是一蹴而就的一锤子买卖，在追求短期业绩的同时，管理者还必须追求长期的可持续发展。这要求管理模式能够平衡短期目标与长期战略，确保当前的盈利性，同时投资于未来的增长潜力。这涉及资源配置、风险管理、市场定位等多方面的考量。

第 2 节　构建新型敏捷组织

纵观人类历史，每一次产业升级或新模式的诞生，都会伴随着组织管理的变革。金融生态场景的搭建，不能仅依靠一个团队或部门来完成，它涉及整个组织自上而下和自下而上的变革。本节从架构、配置、考核 3 个方面阐述如何构建新型敏捷组织。

架构："1督1牵2台"制的组织路径

敏捷组织和其他条线部门是彼此交互又协同赋能的，它需要独立决策和运行，同时需要跨部门作业，必须具备横向统筹的协作能力。

对国有大行和头部股份制银行而言，实现敏捷组织的条件相对成熟。比如，中国银行早在2019年就将跨境、教育、体育、银发确定为集团四大战略级场景，采用敏捷柔性工作机制，组建项目组，聚集各条线、各机构专业人才，开展场景生态创新。场景生态部门负责统筹平台底层能力建设和共享，构建场景生态，建设中台，推进内容运营、数据运营、营销运营、基础设施运营等公共机制建设。

在这几年的实践中，"1督1牵2台"制的组织路径是中小行实现敏捷组织的有效路径，各分行、支行、网点配合执行，自上而下落实、自下而上反馈。我们以农城商行为例，所谓"1督"，通常是由分管副行长担任督导角色，负责全局把控组织内部各项工作的安排和执行进度跟踪。"1牵"是指需要一个部门来牵头，中小行除去个别情况外，不可能短期内单独成立一个部门，所以通常由网络金融部、零售业务部、人力资源部、办公室、乡村振兴金融部中的某一个部门来负责牵头。"2台"指的是中后台和前台，有很多农商行这两年才刚刚成立网络金融部，人员短缺、技术薄弱等因素导致中后台技术支撑往往依靠的是外部的力量。如今的金融生态场景建设必须立足线上线下一体化推进，因此前台人员往往需要具备新媒体营销的基本素养，负责商户洽谈、活动策划、活动执行、平台操作、数据统计和跟踪回访等。农城商行"1督1牵2台"范例如图10-1所示。

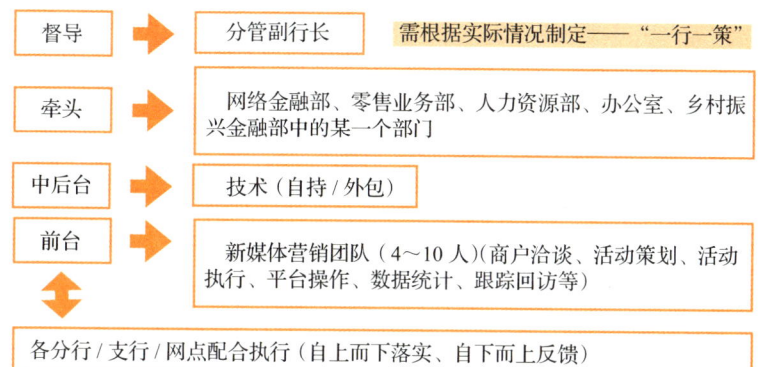

图 10-1　农城商行"1 督 1 牵 2 台"范例

构建新型敏捷组织时,一定要想方设法摆脱不必要的"繁文缛节",轻装上阵。构建敏捷组织的本质是对组织能力的整合与重构,是基因上的变化,而不是对"老人"和岗位的重新编排。

配置：多领域交叉的复合型团队

监管部门近年来对金融科技和数字化转型中的人才队伍建设给予了相应的指导意见。《金融科技发展规划（2022—2025 年）》提出,加快金融科技人才梯队建设,打通金融科技人才职业发展通道;《关于银行业保险业数字化转型的指导意见》提出,注重引进和培养金融、科技、数据复合型人才,积极引入数字化运营人才,强化对领军人才和核心专家的激励措施。

目前大多数机构遇到的问题在于人才的"单一性",可以简单地理解为懂金融的不懂技术,懂技术的不懂金融。因此,"新型人才"的培养和引入是金融生态场景搭建团队的建设起点,要着力打造"金融＋互联网""业务＋科技"的复合型数字化天团。

我们需要的是专家团队，可以参考中国银行提出的构建敏捷组织需要的"7类专家"，如图10-2所示。

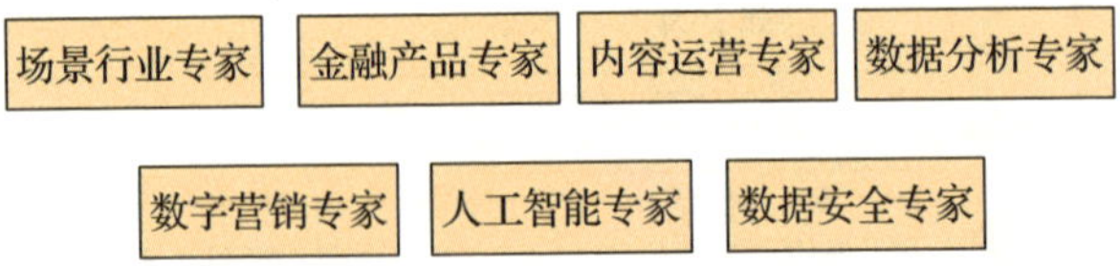

```
场景行业专家    金融产品专家    内容运营专家    数据分析专家

   数字营销专家    人工智能专家    数据安全专家
```

图10-2 中国银行提出的构建敏捷组织需要的"7类专家"

（1）**场景行业专家**。深谙场景建设行业生态，熟悉目标客群需求特征、行为模式及相应的产品供给和营销运营方向，能够很好地围绕具体客群设计业务架构，为搭建完备的场景服务体系和运营体系提供指导和支持。

（2）**金融产品专家**：能够准确把握国家宏观政策及监管趋势，熟悉相关领域金融产品及市场同业竞品；能够围绕目标客群推动产品场景化改造、开展分析设计、把握产品创新需求，促进用户体验提升。

（3）**内容运营专家**：熟悉互联网场景生态内容运营的基本模式、策略和打法，搭建内容平台及运营体系；能够准确捕捉目标客群对资讯内容的需求，精准把握用户的调性，具备对内容审核的专业能力；能够熟练运用大数据技术形成内容标签，为精准用户画像提供支持。

（4）**数据分析专家**：搭建场景数据平台，制定数据分析流程和规范。围绕流量—用户—客户转化链条，构建从打标、采集、存储、模型构建到算法优化的闭环数字运营能力；开展多维度分析及决策，推动场景与业务系统的有效衔接，实现金融数据与非金融数据的融合，提升数据洞察能力。

（5）**数字营销专家**：场景营销主要依赖线上工具，数字营销专家必须能够组合运用各种线上营销方式，结合目标客群画像，提升数字营销的效率和效果。

（6）**人工智能专家**：场景运营人员输入的是数据，对这些数据进行加工要靠模型与算法。必须有人工智能专家建立起机器学习模型，实现模型的自动迭代优化。

（7）**数据安全专家**：国家对个人信息安全与消费者权益保护的要求日益增加，数据安全是场景运营安全的红线。数据安全专家要熟悉网络数据全生命周期管理要求，完善安全事件处置体系和网络安全措施。

考核：金融生态场景建设需要坚持长期主义

金融生态场景建设需要坚持长期主义，这是因为金融生态系统的构建和完善是一个复杂且持续的过程，涉及多方面的合作与发展。

为什么金融生态场景建设需要坚持长期主义？我认为这受到以下几个关键因素影响。

（1）**客户关系培养具有长期性**。建立、维护与客户的关系需要时间，尤其是在金融服务领域，信任的积累对于提升客户忠诚度至关重要。长期主义有助于金融机构在提供持续服务的同时，逐步深化与客户的互动，从而更好地理解客户需求并提供个性化解决方案。

（2）**技术创新与应用需要长期发展**。金融科技的快速发展为金融生态场景带来了新的可能，但这些技术的创新、测试、部署和优化是一个长期过程。长期主义确保了机构能够持续投资于技术研发，并在必要时进行战略调整。

（3）**合作伙伴网络构建需要时间**。金融生态系统往往需要与多个非金融领域的合作伙伴建立联系，如电子商务、社交网络、服务提供商等。这些合作关系的建立和维护需要时间和耐心，以及对共同目标的长期承诺。

（4）**合规性与风险管理的要求**。金融行业受到严格的法规监管，任何新业务模式或技术的引入都必须遵守相关法律法规。长期主义有助于确保金融机构在创新的同时，不会忽视合规性和风险控制。

（5）**品牌建设与市场定位需要长期投入**。建立一个强大的品牌形象、形成一个精准的市场定位都需要长期的投入和一致的品牌信息传递。金融生态场景的建设不仅是产品和服务的组合，还是品牌价值主张和客户体验。

（6）**可持续发展**。长期主义还体现在对可持续发展的承诺上。金融机构需要考虑其业务对环境和社会的影响，并采取负责任的做法，这有助于建立良好的公众形象并吸引有责任感的客户和合作伙伴。

综上所述，金融生态场景建设不仅要考虑即时的市场需求和竞争态势，还要有远见地规划未来的发展方向，这要求金融机构采取长期主义策略，以确保有可持续增长和强大的竞争力。

后　记

持续变化的监管框架、日趋成熟的数字变革、悄然转变的客户行为、不断涌现的新竞争者和快速发展的全球市场正在改变着全球银行业格局。为了应对严峻的挑战并把握宝贵的机会，银行必须主动调整，做好4个转变，即从"非金融"到"金融"的转变、从"人找货"到"货找人"的转变、从"流量购买"到"流量制造"的转变、从"小场景"到"大生态"的转变。

从"非金融"到"金融"的转变

一味地单方面推销金融产品，只会令客户反感。我们的客户需要的是你能懂他，你和他彼此熟悉和了解，偶尔还能令他感到惊喜。说到这，我们也就能够理解为什么仅凭电话营销是没法走近客户的，更谈不上金融产品的转化了。

"听过很多大道理，却依然过不好这一生。"很多时候我们被困在局中，应对着繁重的考核，而忘记了金融服务实体经济和民生的初心。

所谓守正出奇，金融生态场景建设是金融机构践行服务实体经济和民生的一次守正创新，也是在大时代背景下符合市场规律和满足客户需求的必然选择。基于本地产业结构、经济特性等因素，结合自身禀赋，利用自身优势，搭建产业融合的金融生态场景。金融机构只有遵循金融生态场景建设的基本逻辑，才能真正从同质化"内卷"中解脱，通过"非金融"反哺"金融"。

从"非金融"到"金融"的转变，主要是由以下几个因素驱动的。

- **技术创新**。金融科技的发展使得提供金融服务的门槛降低，新技术（如移动支付、区块链、云计算等）为非金融企业提供了进入金融服务领域的机会。
- **市场需求变化**。消费者和企业对金融服务的需求越来越多样化，他们不仅需要传统的存贷款、支付、投资等服务，还期望获得更加便捷、个性化的金融解决方案。
- **监管环境逐渐开放**。随着监管环境的逐渐开放，一些国家和地区开始允许非金融企业在一定条件下提供金融服务，这为非金融企业进入金融市场提供了法律基础。
- **面临竞争压力**。传统金融机构面临着来自非传统金融服务提供商的竞争，如科技公司、电商平台等，这些公司利用其技术和客户资源优势，进入金融服务领域，推动了金融与非金融的融合。
- **商业模式创新**。非金融企业通过提供金融服务来增加收入来源，同时也能够增强其主营业务的客户黏性和市场竞争力。
- **数据驱动**。大数据和分析技术的进步使得企业能够更好地理解和预测客户行为，这对于提供定制化金融服务至关重要。

从"非金融"到"金融"的转变也带来了一系列挑战和机遇。

- **挑战**：需要建立风险管理和合规体系，适应金融行业的严格监管要求；同时，需要在已有的金融服务市场中与成熟的金融机构竞争。
- **机遇**：非金融企业可以利用其在原有领域的专业知识和技术优势，创造新的金融服务模式，提供差异化的服务，满足特定客群的需求。

总之，从"非金融"到"金融"的转变是一个复杂的过程，涉及战略定位、业务模式创新、技术应用、风险管理等多个方面。要想成功转型需要企业有清晰的战略规划，以及对金融市场规则的深入理解和适应能力。

从"人找货"到"货找人"的转变

"人找货"是传统零售时代的产物，逛街买东西说的就是"人找货"；"货找人"是新零售时代的概念，人在家中坐，货它自己来，商家通过手机将信息推送客户，实现精准触达，这基于的便是数据赋能，这让零售变得更加精准和高效。

银行从"人找货"到"货找人"的转变，实际上是指银行业务模式和营销策略的一种演进，这种转变体现了银行服务更加注重客户中心化和个性化的趋势。为什么会发生这种转变呢？主要有以下几方面的原因。

- **客户需求驱动**。在"人找货"模式下，银行主要关注产品和服务的开发，客户需要主动了解和选择自己需要的金融服务；而在"货找人"模式下，银行更加注重分析客户需求，主动提供符合客户个性化需求的产品和服务。

- **数据和技术的应用**。随着大数据分析和人工智能技术的发展，银行能够更准确地识别和预测客户的行为和需求。这使得银行能够通过数据驱动的方式，将合适的产品主动推荐给目标客户群体。
- **个性化营销**。在"货找人"模式下，银行利用先进的分析工具对客户进行细分，然后根据不同客户群体的特点和偏好，提供定制化的营销信息和服务。
- **客户体验优化**。银行通过提供主动、个性化的服务来提升客户体验。这包括简化业务流程、优化用户界面、提供即时响应等措施，以满足客户对便捷和即时服务的期望。
- **全渠道整合**。实现"货找人"模式，银行需要在线上线下各个触点上与客户互动，这意味着银行需要整合各个渠道（如网点、网上银行、移动应用等）的资源和服务，确保无缝的客户体验。
- **风险管理和合规性**。在主动向客户推荐产品的过程中，银行需要确保其营销活动遵守相关的法律法规，并且不会因为过度营销而产生不必要的风险。

综上所述，银行从"人找货"到"货找人"的转变，是为了更好地适应市场变化和客户需求，通过提供更加个性化和主动的服务来提高客户满意度和忠诚度。这种转变要求银行在技术发展、数据分析、客户服务和风险管理等方面进行持续的投入和创新。

从"流量购买"到"流量制造"的转变

2024年是正式进入流量内卷的元年，基本可以判断不会再有大的平台出现，微信视频号的最后一波红利也在逐渐消散。事实上，在巨头林立的时代中，平台自身将进入存量状态。

"流量已死，价值永存"，这是流量时代后半场的通关密码。

银行从"流量购买"到"流量制造"的转变，实质上是银行营销策略的一种进化，这种转变体现了银行从依赖外部渠道获取客户，转向通过自身能力和资源吸引和留住客户。要做好从"流量购买"到"流量制造"的转变，银行需要把握以下几处关键点。

- **用户经营**。在"流量制造"模式下，银行更加注重对用户的深入理解和经营。这不仅仅是吸引新用户，更重要的是提升现有用户的活跃度和忠诚度。
- **内容营销**。银行通过创造有价值的内容来吸引和教育客户，这些内容可以是金融知识、市场分析信息、个性化的财务规划建议等，以此来建立银行的权威性和信任度。
- **产品创新**。为了满足不同客户的需求，银行需要不断创新其产品和服务，通过提供差异化的金融产品和服务来吸引特定的客户群体。
- **活动和场景营销**。银行可以通过线上和线下的活动以及构建特定的消费场景来吸引客户，提高客户的参与度和黏性。
- **利用数据和技术**。通过对客户数据的分析，银行可以更好地了解客户需求，实现精准营销。同时，利用最新的科技手段，如人工智能、大数据分析等，可以提高服务效率和客户体验。
- **长尾客户的开发**。对于银行来说，通过流量营销可以更有效地开发长尾客户，即传统银行业务可能忽视的客户群体。
- **品牌建设**。银行需要通过持续的品牌建设来提升自身的形象和认知度，从而吸引客户主动选择银行的服务。
- **客户反馈和迭代**。银行应该建立起一套有效的客户反馈机制，根据客户的反馈不断优化服务流程和产品设计。

综上所述，银行从"流量购买"到"流量制造"的转变，意味着银行需要更加主动地创造条件来吸引和留住客户，而不是被动地等待客户上门。这种转变要求银行在用户体验、产品创新、内容营销等方面进行持续努力和投入，以实现可持续的客户增长和业务发展。

从"小场景"到"大生态"的转变

银行从"小场景"到"大生态"的转变，是指银行业务的拓展和深化过程，从小范围、单一功能的金融服务场景，发展到构建全面、多元化的金融服务生态系统。这种转变体现了银行为了适应数字化转型和市场竞争的需要而进行的战略升级。要做好从"小场景"到"大生态"的转变，银行需要注意以下几点。

- **服务范围的扩展**。在"小场景"中，银行可能只提供基本的金融产品或服务，如存款、贷款或支付。而在"大生态"中，银行将提供更加全面的金融服务，包括但不限于投资、保险、财富管理等，形成一站式的金融解决方案。
- **合作伙伴网络**。构建"大生态"需要银行与不同行业的合作伙伴建立广泛的合作关系，如电商、教育、医疗、旅游等，通过这些合作伙伴为客户提供更加丰富的服务和优惠。

- **客户体验的整合**。在"大生态"中，银行需要确保客户在不同的服务场景中都能获得一致的体验。这要求银行整合内部系统和流程，实现数据共享和服务协同。
- **技术平台的建设**。为了支撑"大生态"，银行需要建立强大的技术平台，包括云计算、大数据、人工智能等，以支持业务的快速发展和创新。
- **风险管理和合规性**。随着业务范围的扩大和合作伙伴的增加，银行面临的风险类型也会更加多样化。因此，银行需要加强风险管理和合规性控制，确保金融生态系统的稳定和可持续发展。
- **持续创新**。在"大生态"中，银行需要不断地推出新产品和服务，以满足市场和客户需求的变化，保持竞争力。
- **品牌和文化塑造**。构建"大生态"也需要银行塑造强大的品牌形象和文化，这有助于吸引客户和合作伙伴，建立信任和忠诚度。

综上所述，银行从"小场景"到"大生态"的转变是一个全面的战略升级过程，涉及业务模式、技术平台、合作伙伴关系、客户体验等多个方面。这种转变要求银行具备前瞻性的战略规划能力，以及在执行层面的灵活性和创新能力。

银行本质上是一家什么样的机构？银行最重要的资产是什么？银行第二重要的资产是什么？

- 银行本质上是中介，金融生态场景建设的最终落脚点要体现在服务上。
- 银行最重要的资产是信用，是我们能给予客户的信任背书。

❏ 银行第二重要的资产是存量客户规模,"我们的客户也可以成为客户的客户"。

金融向实,在金融生态场景的基础上,充分利用好我们的信用,解决客户的"急、难、愁、盼"。

大道至简,做深、做透庞大的存量客户规模,帮助客户赚钱、省钱、管钱、找钱。

附 录

附录 A 沿海地区某农商银行大模型应用场景规划方案

为进一步提升数字化创新应用能力,增强数字化生产力,沿海地区某农商银行科技部积极推进大模型在金融行业的应用与落地。根据前期调研与分析,以"低成本、低投入,可执行、可落地"为原则,结合本行实际情况,对大模型的落地应用从以下几个方面进行规划和设计。

1. 智能营销

(1)**客户画像**。按照信贷授信客群、社保参保客群、核心账户客群、中间业务客群、第三方支付客群、整村授信客群等进行优先级分类,根据客户的基础信息、财务信息、行为偏好信息、消费习惯信息、投资偏好信息、交易流水信息等生成 360° 客户画像,为精准营销和风险管理提供数据支持。

(2)**精准营销**。按照客户画像分析客户的行为模式和偏好,特别是对客户在行内产品的偏好程度、账户交易流水、消费行为等进行策略性分析,同时对客户的收入与支出情况进行深度挖掘,结合省联社大数据分析与风控中台模型,针对客户制定从产品到权益的一揽子营销策略，向客户推荐符合其需求的信贷产品或理财产品，提高营销转化率。

（3）营销文案。通过对私域模型的训练以及有针对性的策略分析，按照省联社客群分层、分类、分级结果，根据差异化客群与标签数据，引入大模型，生成多样化的业务营销方案、营销话术、营销图文和视频；建立 AI 营销视频小助手、营销话术小助手，打造数字员工，为不同员工定制风格独特、互动性强的营销文案，激活社交圈、提升营销效果。

（4）策略大脑。搭建本行的营销策略模型库。从获客、活客、留客、转化几个维度出发，基于以往有效的营销方案和策略形成完备的模型库，同时对业务经营中的各类知识进行提炼，结合客户的交易数据、行为数据，从标签库、指标库中提取客户精准画像，形成智能化决策营销策略模型，为不完善的内容接入公域大模型，最终打造营销策略大脑，为决策提供支撑与服务。

2. 智能客服

（1）客服机器人。结合知识搜索与大模型技术，利用自然语言处理技术，AI 客服机器人能够提供 7×24 小时不间断的在线客户服务。它能快速响应客户需求，解答账户查询、交易以及产品等相关问题，提高服务效率，同时显著提升客户满意度。通过建设智能客服大模型，实现全天候、个性化的客户服务。

（2）情感分析与应对。大模型能进行情感分析，识别客户的情绪状态，并据此调整回复策略，提供更加贴心和个性化的服务体验。

3. 智能运营

（1）流程自动化。用机器人流程自动化（RPA）技术结合 AI

能力，实现后台操作的全面自动化，包括流程审批、账户管理等，降低运营成本，提高工作效率。

（2）**知识管理**。构建智能知识库，建立问题库与内控制度库，对通过风险合规与审计发现的常见问题、易错点进行训练，整合内部规范制度文档、产品手册、政策法规、新员工培训知识等信息，支持快速检索，提升员工工作效率。

（3）**员工培训**。通过本地知识库的构建，各条线部门通过对条线知识的导入与训练，针对不同类别的员工生成个性化的培训内容和模拟场景，帮助员工快速掌握新技能，提升业务能力。

4. 智能风控

（1）**信用评分**。分析多维度数据，包括信用记录、收入、资产、负债等，进行更精准的信用风险评估，为贷款审批提供依据。

（2）**欺诈监测**。通过分析交易数据、客户行为模式等，实时识别异常交易，预测潜在的欺诈行为。例如，通过分析交易时间、地点、金额等特征，模型可以快速发现可疑活动。

（3）**反洗钱监测**。实时监测客户交易行为，发现异常交易模式并触发预警机制，有效防范洗钱风险。例如，兴业银行通过引入大模型，显著提升了反洗钱工作的效率和准确性。

（4）**合规审查**。监控审批流程和交易记录，确保所有操作都符合监管要求。自动生成合规报告，降低合规风险，提升银行整体风险管理水平。

5. 智能决策

（1）**数据分析与可视化**。分析业务数据，生成直观的可视化报告，帮助管理层快速洞察业务趋势，为决策提供有力支持。

（2）**经营日报/周报/月报**。根据关键业务指标，自动按日、周、月生成经营报告，供决策层查看和分析，及时调整经营策略。

（3）**资讯日报**。整合互联网上的金融相关热门信息，自动生成资讯日报，帮助管理层及时了解行业动态和市场变化。

6. 智能办公

（1）**贷款调查报告**。按照信贷管理制度，结合大数据与用户画像，根据贷前调查信息和信用记录，自动生成信贷尽调报告，提高信贷审批效率。

（2）**审计报告**。按照审计制度要求，通过对内部制度的训练与分析，定制化设计审计报告模板，定期开展条线、产品、专项的系统审计与分析，从而将审计报告自动化与标准化。

（3）**财务分析报告**。通过对各项经营数据进行分析，按照财务分析的各个维度，智能化生成财务分析报告，为财务管理与决策提供支撑与服务。

（4）**风险管理报告**。结合私域模型的数据训练，按照全面风险管理的相关要求，智能化生成风险管理报告，对各条线、各业务模块开展自动化风险识别，并提供有效的风险缓释方案。

（5）**合同预审**。对合同条款进行智能分析，识别潜在的法律风险和合规问题，提出修改建议，降低合同纠纷风险。

（6）**招投标文件预审**。对招投标文件进行智能审核，确保文件内容符合法律法规和招标要求。

（7）**文档处理**。自动处理合同、报告等文档，提取关键信息并生成摘要，支持文档分类、归档和检索，提升办公效率。

（8）**工作周报/季报/年报生成**。根据员工的工作内容和成果，自动生成周报、季报和年报，方便管理层了解团队工作状态和业绩。

7. 智能研发

（1）**代码开发**。辅助开发人员编写、检测和优化代码，提高开发效率和代码质量。同时，自动进行代码审查，发现潜在的安全漏洞和性能瓶颈。通过引入代码大模型，实现了端到端运行风险监测能力的显著提升。

（2）**数据分析**。通过大模型的深度学习能力，能够响应用户的自然语言提问，自动转换成可执行的 SQL（结构化查询语言）语句并获取所需数据，基于查询结果生成经营报告。通过与报表系统、大数据平台、BI（商业智能）应用等系统的深度融合，实现数据查询分析结果的自动化呈现。

同时，基于银行各类业务场景使用 DeepSeek 的指令。我在业务实践中总结和整理了 21 类银行工作中 DeepSeek 多场景应用指令模板供参考，具体见附录 B。

附录 B　银行工作中 DeepSeek 多场景应用指令模板

万能公式：你是谁 + 要做什么事 + 具体要求 + 目的。

模板 1　领导会议发言稿。你是一名银行办公室工作人员，现在需要给行长写一份会议发言稿，要求 1000 字，分 3 个段落，以达到提升开门红旺季营销期间鼓舞士气的作用。

模板 2　党建材料。你是一名银行党群办公室工作人员，你需要写一份题为"××银行党群工作汇报"的材料，重点围绕党组织建设、思想政治工作和近期关爱社区群众工作3个方面展开，要求结构清晰，每个方面延展3点详细讲解，结尾用一些激励性语句收尾，鼓励全体党群工作者共同努力，开创银行党群工作新局面。

模板3　合规报告。你是银行合规部门负责人，现在需要针对上一季度工作写一份合规报告。本合规报告旨在全面总结和评估本行在报告期间各项业务及运营管理活动中对法律法规、监管要求、内部规章制度等的遵循情况，分析存在的合规风险及问题，并提出相应的改进措施和建议，以确保本行持续稳健经营，维护金融秩序和客户合法权益。

模板4　活动通知。你是银行办公室的一名工作人员，现在你需要草拟一份活动通知，要求300字以内。本周六是三八妇女节，组织本行女性员工于本周六下午参加阳光下午茶联谊活动，希望全体女性员工收到通知后能合理安排时间准时参加。

模板5　周报月报。你是银行支行行长，现在需要写一份周报，分别从业务经营情况、风险管理情况和客户服务情况3个部分来写，其中业务经营情况要分为存款业务、贷款业务、中间业务3个方面。字数要求5000字，用于汇报工作。

模板6　团青工作。你在银行负责团青工作，现在需要写一份团青工作汇报，要求从青年员工思想引领和青年员工培养与发展的角度来写，要求3000字以内，结尾需要围绕银行中心工作和坚持服务青年成长成才这个宗旨来写，以突出团结带领广大青年员工为银行的发展贡献更大的力量。

模板7　资产配置报告。你是银行的一名理财经理，现在需要你写一份家庭资产配置报告，用于本周六的厅堂女性客群沙龙活动。要求结合本行最新推出的××产品，按照现金类资产 10%＋固定收益类资产 40%＋权益类资产 30%＋另类资产 20% 进行配置，并写清楚进行不同比例配置的理由和具体产品推荐，便于更科学地向客户推荐金融产品。

模板 8　对公客户尽调。你是一名银行对公客户经理，现在需要写一份对公客户尽调报告，该企业是××，需要包含客户的基本信息、经营状况分析、行业前景与政策分析、风险评估与控制、合作建议这几个部分，其中经营状况分析要包括经营范围、模式、市场份额及竞争地位、供应链情况、财务状况、核心经营团队。以上内容是为了明确客户是否符合本行对公业务的准入标准，以及其在合作过程中的风险收益特点。

模板 9　零售客户活动策划。你是一家股份制银行城区支行的客户经理，现在你需要根据本支行特色，生成一份 3 月份支行老年客群的活动方案。本支行存量客户中 60 岁以上的老年人占比为 35%。本支行是总行设立的养老金融典型标杆支行，周边拥有 8 个小区、1 所老年大学、1 个商圈。要求每周举办一场活动，并结合商圈商家异业联盟来进行，要求 3000 字左右，具体活动方案用表格来呈现。目的是让老年人在轻松愉快的活动氛围中了解本行的养老金融产品和政策。

模板 10　旺季营销方案。你是银行的首席营销官，现在需要针对一季度旺季营销写一份营销策划方案。从活动主题、目的、时间、目标客户群体、营销策略、活动执行安排、活动预算、风险和应对措施这些方面入手，活动预算部分用表格呈现。3000 字以内，用于周一班子会议讨论。

模板 11　产品宣传文案。你是一名银行新媒体营销负责人，现在需要针对本行大额存单产品写一条宣传文案，要求合规表述，应用新媒体风格，特别是要让年轻人能够接受。要突出产品的利率优势、安全性和稳定性特点。150字以内，用于海报宣传。

模板 12　服务满意度调查报告。你是一名银行工作人员，现在需要写一份本行信用卡产品服务满意度调查报告。从申请流程、功能与权益、客户服务体验、安全与风险控制4个部分入手，最后加上开放性建议与客户期望。目的是通过调查结果提出针对性的改进措施，包括优化业务流程、丰富产品功能、提升服务质量等多方面的具体举措。

模板 13　短视频宣传脚本。你是银行新媒体营销团队成员，你要写一篇剧情类短视频脚本，用于宣传存款保险。要求剧情设定轻松幽默，时长不超过90秒，在合规的前提下也可以加上脱口秀风格。目的是通过幽默剧情让消费者了解存款保险，从而选择本行并放心存款。

模板 14　朋友圈文案。你是一名银行理财经理，现在需要写一条朋友圈文案，要求简洁、幽默，100字以内，为五一劳动节厅堂亲子活动发朋友圈邀约。

模板 15　晨会 PPT。你是一名银行柜员，现在需要写一份晨会 PPT 大纲，包含仪容仪表、工作交接与信息沟通、业务知识学习与培训3个方面，用于晨会新员工培训。（DeepSeek 生成大纲后，导入 Kimi 一键生成 PPT）

模板 16　信贷审批流程优化方案。你是一名银行信贷审批负责人，现在需要对本行信贷审批流程写一份优化建议方案，从整合申请表单、线上预申请与预审、建立智能化风险评估模型、建立客户专属团队、强化数据管理等方面入手，帮助本行信贷审批人员提高工作效率和改善协同效果。

模板 17　高净值客户专属财富管理方案。你是银行的一名理财经理，现在需要写一份高净值客户专属财富管理方案。从客户的基本信息、财务状况、财富管理目标、风险承受能力评估等方面来写，并给出一份资产配置建议报告，要求不超过 2500 字，该方案的目的是给高净值客户提供专属服务和增值服务。

模板 18　客户异议处理话术。你是一名银行工作人员，现在需要总结一系列客户异议处理话术，要求为对公、零售不同业务场景下的客户投诉提供话术模板，尽量口语化，字数简短，用于一线营销人员面对面线下沟通。

模板 19　员工培训方案。你是一名银行培训部门负责人，现在需要写一份培训策划方案，对支行行长队伍开展时间管理能力方面的培训，为期 2 天，每天 6 小时。从培训背景、目标、时间地点、培训内容安排、培训师资介绍、培训方式和培训评估几个方面入手，用于培训前下发通知。

模板 20　网点周边客群分析。你是一名银行网点负责人，现在需要对网点周边客群进行分析并写一份分析报告。网点位于××地××路，分析范围为周边 2 公里范围内，周边有××。从客群特征分析、地理分布特征分析、客群需求分析、客群行为习惯分析入手，用于本行制定精准营销策略和优化服务流程。

模板 21　同业利率分析和应对策略。你是银行营销负责人，现在需要写一份同业利率分析和应对策略的调查报告，需要涵盖包括××行在内的8家银行,从同业拆借利率分析、债券回购利率分析、同业存单利率分析3个方面入手,并且从资金管理和风险管理两方面给予应对策略建议。该报告将用于产品创新与差异化竞争、客户服务与市场营销。

推荐阅读

推荐阅读

AI销冠：一个人顶一个团队的销售术

作者：唐兴通 著 ISBN：978-7-111-78201-8

《引爆社群》作者的新作，来自IBM、SAP、西门子、思科、梅特勒-托利多等多家知名企业的高管鼎力推荐。

一本能帮助销售人员跑赢AI时代，成为不可被AI替代的超级销售的生存指导手册。本书不讲晦涩的技术概念，而是深入解读作者自创的、在数字空间中形成超级个人销售能力的方法论——4D（定义个人品牌、传递内容、深化关系、发展自我）销售方法论，并给出大量实践案例及可直接使用的工具。